Roy

L'Atmosphère

3ᵉ éd.

(1877)

L'ATMOSPHÈRE

ET

LES PHÉNOMÈNES DE LA NATURE.

8ᵉ SÉRIE IN-12.

1897

L'ATMOSPHÈRE

ET

LES PHÉNOMÈNES

DE LA NATURE

EXPLIQUÉS A LA JEUNESSE

PAR JULES ROY

TROISIÈME ÉDITION.

LIMOGES

EUGENE ARDANT ET Cie, ÉDITEURS.

—

©

INTRODUCTION.

M. DE BEAUPRÉ, ancien capitaine de vaisseau, s'était retiré aux environs de la ville de Tours. Il occupait, sur la rive droite de la Loire, une maison qu'il avait fait construire lui-même avec autant d'élégance que de simplicité. Le jardin, qui la séparait de la route de Nantes, se terminait par une terrasse plantée de marronniers, d'où l'on jouissait d'un coup d'œil magnifique sur le fleuve et sur les campagnes environnantes.

Les connaissances approfondies de M. de

Beaupré en histoire naturelle, en physique et en astronomie, autant que ses manières aimables et distinguées, le faisaient rechercher de toutes les sociétés des environs; mais son plus grand plaisir était de causer avec les enfants de ses voisins. Il les réunissait souvent autour de lui et leur racontait les particularités les plus frappantes de ses voyages dans l'Ancien et dans le Nouveau-Monde. Quand l'occasion se présentait de leur expliquer quelques phénomènes de la nature dont il avait été témoin, il le faisait avec une si bonne volonté qu'il ne se passait pour ainsi dire point de jour qu'ils ne vinssent le visiter.

A la fin il se décida à leur donner un cours de météorologie complet, mais à la portée de leur âge, et il fut convenu qu'ils se ressembleraient tous les soirs sur la terrasse. On était alors dans la plus belle saison de l'année, et rien n'est plus propre à inspirer aux enfants le désir de connaître les secrets de la nature que le spectacle même de cette nature quand elle est revêtue de toute sa magnificence, de tout son éclat.

— A demain donc, mes petits amis, leur dit-il.

Et les enfants partirent en courant, pour annoncer cette bonne nouvelle à leurs parents.

EXPLICATION DE LA PLANCHE.

Figures (1) (2) (3). — *Arc-en-ciel*.

La figure (1) représente un globule d'eau sur lequel vient tomber un faisceau de lumière AB. Ce faisceau pénètre dans le globule en se réfractant en *b*. Il se réfléchit ensuite sur la concavité intérieure du globule en *c*, et passe de nouveau dans l'air au point *d*, en suivant la droite *d e*.

La figure (2) représente de même un globule d'eau et un faisceau de lumière. Ce faisceau entre au point *b*, se réfléchit une première fois en *c*, une seconde fois en *c'*, et sort ensuite suivant *d e*.

La figure (3) représente les deux arcs, l'un intérieur, l'autre extérieur. Dans l'intérieur, les rayons lumineux ne subissent qu'une réflexion (*Voy.* la fig. 1); dans l'extérieur ils en subissent deux (*Voy.* fig. 2). Les globules extrêmes *v* et *v'* nous donnent les rayons violets, et les globules *r* et *r'* les rayons rouges.

Figure (4) — *Réfraction atmosphérique*.

T Le globe de la terre; *a a'* l'atmosphère qui l'entoure; *m n* un rayon lumineux venant d'un astre. Ce rayon en entrant dans l'atmosphère au point *n* se réfracte et arrive par une ligne courbe *n o* à la surface du globe. Si donc un observateur se trouve placé en *o*, il verra l'astre suivant la droite *n' m'* tangente à cette courbe, c'est-à-dire qu'il verra cet astre plus près du zénith qu'il ne l'est réellement.

Figure (5). — *Mirage*.

Soit *a b* un objet tel qu'une flèche située à quelque distance au-dessus du sol H H'; *o'* l'œil de l'observateur. — Celui-ci recevra d'abord les rayons directs *a m o*, *b n o* qui lui feront voir la flèche dans le lieu où elle se trouve réellement. Mais des mêmes points *a* et *b* partent d'autres rayons qui, par suite de l'inégale réfraction de l'air, décrivent des courbes *a p o*, *b q o*, et qui arrivent ainsi à l'observateur, comme s'ils venaient des points *à* et *b'* en suivant es droites *a' o*, et *b' o* tangentes àces courbes. Il verra donc encore la flèche en *a' b'*; et comme les rayons réfractés se sont croisés dans leur marche, la flèche lui paraîtra renversée.

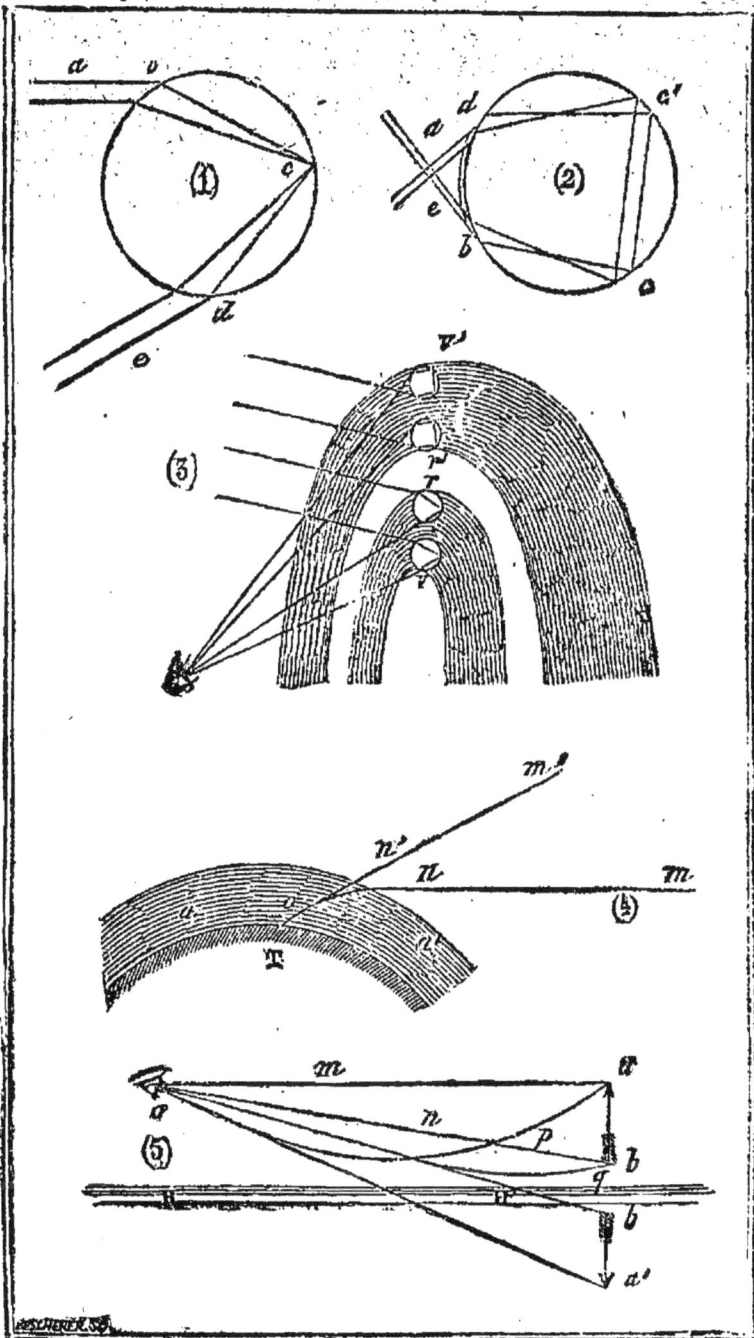

1.

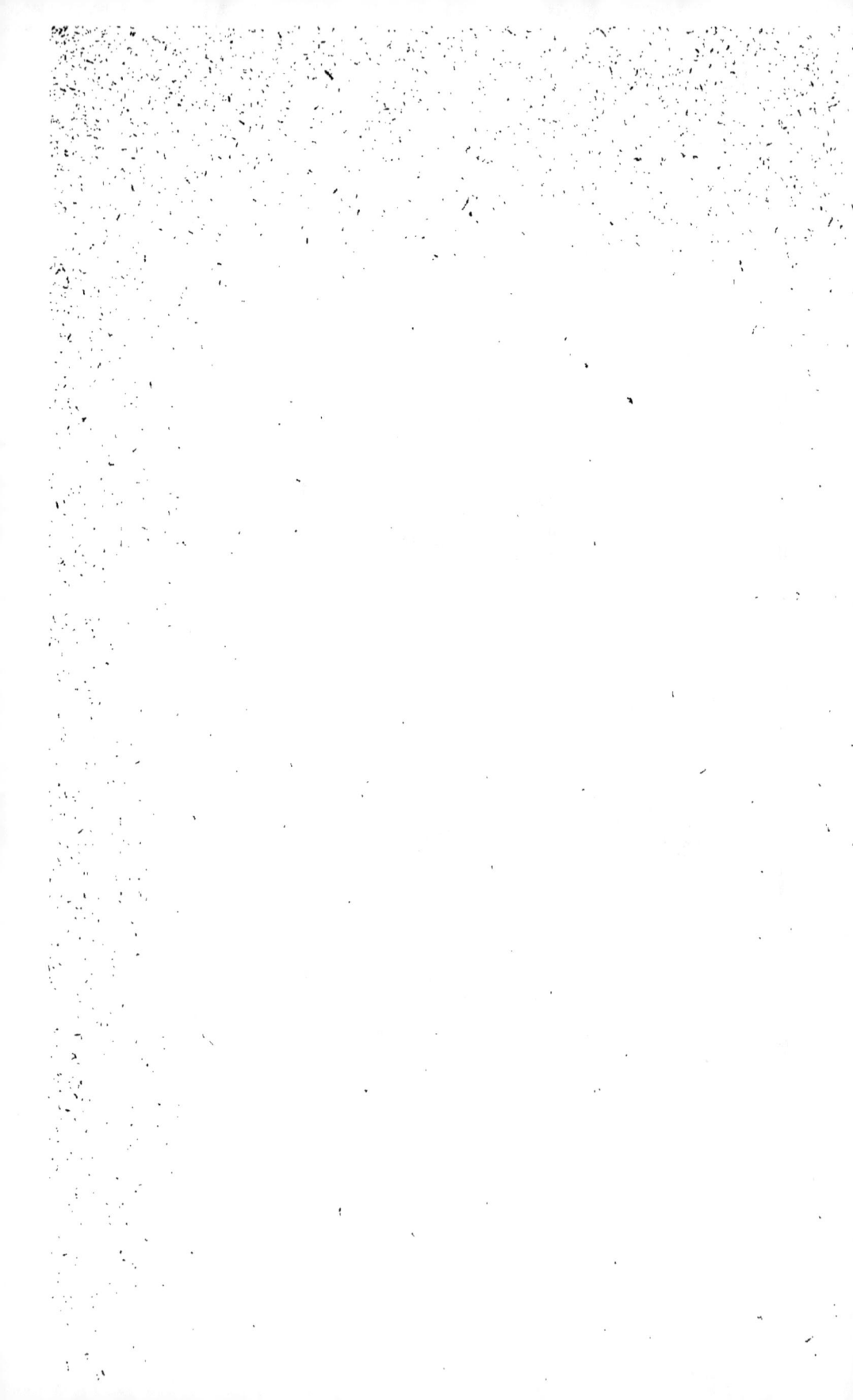

LES
PHÉNOMÈNES
DE LA NATURE.

DE LA CHALEUR. — DU THERMOMÈTRE. — TEMPÉRATURE DU GLOBE ET DE L'ATMOSPHÈRE.

Le lendemain, les enfants furent exacts au rendez-vous qui leur avait été donné. Le capitaine les conduisit sur la terrasse où il avait fait placer une table ronde sur laquelle on voyait un globe terrestre et un thermomètre.

Quand ils eurent pris place, M. de Beaupré leur dit :

— Je vous ai déjà entretenus bien des fois des phénomènes de la nature connus sous le nom de *météores*, mais sans suite et sans ordre. Il est temps de vous présenter ces faits avec système, afin qu'ils restent mieux gravés dans votre mémoire. Ce globe que vous voyez là nous servira pour les observations géographiques que j'aurai occasion de faire.

On désigne, en général, sous le nom de météores, les changements ou modifications que nous observons dans l'atmosphère, tels que le vent, la pluie, la foudre, etc. Mais avant de vous expliquer ces phénomènes, il faut que je vous dise d'abord quelques mots de la première et de la plus importante cause de ces variations, c'est-à-dire de la *chaleur*.

Vous savez tous ce que c'est que la chaleur, quoique la nature intime de la chaleur ait toujours été un mystère pour l'homme, et le sera peut-être toujours. Le degré de chaleur qui réside dans un corps est ce qui s'appelle sa *température*. Pour déterminer cette température, on se sert de l'instrument que vous voyez, et que l'on nomme pour cette raison *thermomètre*. La construction du thermomètre est fondée sur la propriété qu'ont tous les corps de se dilater, c'est-à-dire d'augmenter de volume sous l'influence de la chaleur. Il consiste en une petite boule en verre communiquant avec un tube très fin. Cette boule est remplie de mercure, autrement dit de vif-argent, qui occupe encore une partie du tube. Quand on expose le thermomètre à l'action de la chaleur, on voit le mercure se dilater et monter dans le tube. Il se contracte et descend dans le cas contraire. La *glace fondante* ayant toujours la même température, on a pris cette température pour limite; elle est marquée sur la planchette qui porte le thermomètre par le chiffre zéro. Mais il faut une autre limite : cette limite est celle de l'*eau bouillante*, dont la température est aussi toujours la même. Elle est marquée par le nombre 100. On divise l'espace compris entre ces deux limites en cent parties égales, et chacune de ces parties s'appelle *degré*. On continue ensuite la division tant au-dessus qu'au-dessous de zéro. Ces dernières divisions sont également marquées par les chiffres 1, 2, 3... Et l'on dit qu'un corps a une température de 4 *degrés au-dessus* ou *au-dessous de zéro*, selon que la colonne de mercure dans le thermomètre s'arrête au chiffre 4 situé au-dessus de la limite de la glace fondante, ou au chiffre 4 situé en-dessous de cette même limite.

La chaleur se transmet d'un corps à un autre soit par le contact immédiat, soit par le rayonnement. Quand nous tenons notre main à quelque distance d'un poêle, nous sentons qu'il nous envoie de la chaleur. Est-ce un effet de l'air? non : car l'air afflue vers le poêle au lieu d'affluer vers nous. Il existe donc des rayons *calorifiques* qui traversent l'air, comme il existe des rayons *lumineux*. C'est en cela que consiste ce que l'on appelle *rayonnement*.

Tous les corps de la nature, à quelque température qu'ils soient, rayonnent continuellement les uns vers les autres ; ceux-ci absorbent ce que ceux-là dégagent. Mais le dégagement, ainsi que l'absorption de la chaleur, est d'autant plus sensible que la surface du corps est moins blanche ou moins polie. Ainsi, de l'eau chaude se refroidira bien plus vite dans un vase terni par l'usage et la fumée que dans un vase nouvellement étamé ; et, par contre, elle commencera aussi plus vite à bouillir dans le premier que dans le second.

Mais laissons ces généralités de côté, et ne nous

occupons que de la température du globe et de l'atmosphère.

Vous savez déjà que le soleil est la cause principale des variations que nous observons dans la température de l'air. A mesure que cet astre s'élève sur l'horizon, la chaleur augmente, elle diminue dès qu'il est couché. En outre, l'action du soleil est d'autant plus forte que les rayons qu'il nous envoie approchent plus de la ligne verticale. C'est ce qui fait la différence entre l'hiver et l'été.

Lorsque le soleil s'abaisse vers l'horizon, les rayons sont obligés de traverser une couche plus épaisse d'atmosphère pour arriver jusqu'à nous. C'est pour cette raison que, au moment de se coucher, sa lumière est si faible que nous pouvons le regarder impunément à l'œil nu, ce que nous ne pouvons faire vers midi ; il en est de même de son pouvoir calorifique.

La chaleur que la terre a reçue du soleil rayonne à son tour vers l'espace, mais elle traverse l'air avec plus de difficulté. Si, en outre, l'air est chargé de vapeurs, les rayons calorifiques qui nous viennent du soleil et ceux qui émanent de la terre éprouvent une résistance encore plus grande ; de sorte que si les vapeurs s'opposent en partie à ce que le sol soit échauffé par les rayons du soleil, elles s'opposent aussi à son refroidissement par l'effet du rayonnement.

Outre le soleil, il existe encore deux autres sources de chaleur : la chaleur propre de la terre et la chaleur de l'espace. La seconde, qui est encore très indéterminée paraît devoir venir des étoiles, qui, malgré les distances infinies qui les séparent de nous, nous envoient des rayons à la fois lumineux et calorifiques. Mais comme cette température n'a qu'une faible influence sur les couches inférieures de l'atmosphère, nous allons la laisser de côté, pour ne considérer que la température propre à notre globe.

Si l'on plonge le thermomètre à différentes profondeurs dans le sol, les variations qu'il indiquera seront d'autant plus fortes que la profondeur sera plus grande. A 6 ou 7 mètres environ de la surface, l'instrument est stationnaire pendant toute l'année, et indique une température généralement voisine de la température de nos caves, qui, pour cette raison, nous paraissent froides en été et chaudes en hiver.

Mais à partir de cette limite, la température augmente à mesure que l'on s'enfonce davantage dans le sol. C'est ce que prouvent les expériences nombreuses faites dans les mines et dans les puits artésiens. La loi d'accroissement n'est pourtant pas la même dans tous les lieux. Elle varie entre 12 et 35 mètres pour un degré de chaleur de plus.

Ce phénomène est commun à tous les pays ; mais cet accroissement a-t-il des limites ou non ? La plupart des savants admettent un accroissement indéfini ; d'où il résulte qu'on trouverait la température de l'eau bouillante à environ 3,200 mètres de profondeur, et que le noyau de la terre éprouverait une chaleur bien au-delà de ce que l'imagination peut se figurer.

Pour expliquer cette chaleur interne du globe,

ces mêmes savants pensent qu'il était à l'état de fusion liquide longtemps avant que l'homme n'y fût placé par le souverain Créateur, et qu'il ne s'est refroidi et est devenu aussi habitable que par le rayonnement. Il est certain du moins qu'autrefois tous les points du globe étaient plus chauds qu'ils ne le sont aujourd'hui. On en a la preuve dans les végétaux et les animaux fossiles que l'on rencontre dans les régions polaires, et qui actuellement ne peuvent vivre qu'entre les tropiques.

Il semble, au premier abord, impossible que le noyau de la terre soit incandescent, tandis qu'à la surface nous ne nous en apercevons pas. Mais cela s'explique facilement par la difficulté que les corps qui composent l'écorce de notre globe ont de transmettre la chaleur. Ainsi, la lave qui s'écoule du cratère d'un volcan a une chaleur capable de fondre tous les métaux. Mais à peine est-elle dehors qu'elle se couvre d'une croûte solide sur laquelle on peut passer comme sur un pont, sans crainte de se brûler. Cette croûte empêche en outre la masse de se refroidir ; et souvent, après plusieurs années, on trouve encore dans l'intérieur une chaleur sensible.

Je vous ai dit que les vapeurs s'opposaient au rayonnement, absolument comme les écrans que nous plaçons devant les cheminées de nos salons. De là vient qu'en été, lorsque le temps est calme et serein, la température s'élève à mesure que le soleil monte ; mais si des nuages viennent à couvrir le ciel et interceptent les rayons de cet astre, le thermomètre baisse ou ne monte plus que faiblement. Le contraire a lieu en hiver : le thermomètre monte quand le ciel se couvre, et réciproquement, parce que la chaleur que perd la terre par le rayonnement est plus grand que celle qu'elle reçoit du soleil, qui alors est généralement peu élevé.

L'abaissement de la température en été est encore plus considérable quand il pleut. L'eau tombant des froides régions de l'atmosphère refroidit déjà par là même le sol, mais elle le refroidit encore davantage par l'évaporation. Il faut remarquer en effet que l'eau ne peut s'évaporer sans chaleur; et cette chaleur, les vapeurs la prennent non-seulement au liquide d'où elles se dégagent, mais encore à tous les corps qui sont en contact avec ce liquide. C'est d'après ce principe que, dans nos villes, la police ordonne, à l'époque des grandes chaleurs, d'arroser les rues et les places publiques, et la fraîcheur qui en est le résultat est d'autant plus sensible que la température est plus élevée, et, par suite, l'évaporation plus rapide.

Le même effet se produit dans ces vases de terre spongieuse appelés *alcarazas*, dont on se sert en Orient pour rafraîchir l'eau. On suspend l'alcarazas dans un courant d'air. Les pores nombreux de l'argile dont il est formé permettent à la masse d'eau qu'il renferme de suinter et de se vaporiser par tous les points de sa surface. La vaporisation exigeant une destruction correspondante de chaleur, et le vase étant isolé, cette destruction ne peut se faire qu'aux dépens de l'eau elle-même. Aussi sa température s'abaisse-t-elle rapidement de plusieurs degrés.

Ainsi que les caves un peu profondes, les sources qui viennent d'une grande profondeur ont presque invariablement la même température. Vous savez que les sources doivent leur origine aux eaux pluviales, qui pénètrent par les fissures du sol se réunissent dans des réservoirs, et s'écoulent en-dehors par la première issue qui s'offre à elles ; aussi observe-t-on dans tous les pays qu'à la suite de longues sécheresses les sources tarissent, tandis qu'elles deviennent plus abondantes après des pluies continues. L'eau se trouvant ainsi en contact avec les différentes couches qui composent le sol, il n'est pas étonnant qu'elles prennent la même température.

Mais en voici assez pour aujourd'hui, mes enfants ; demain nous continuerons le même sujet.

II

INFLUENCE DES VENTS ET DES COURANTS MARINS SUR LA TEMPÉRATURE. — DÉCROISSEMENT DE LA TEMPÉRATURE AVEC LA HAUTEUR. — VÉGÉTATION DES MONTAGNES.

Vous avez sans doute déjà remarqué l'influence des vents sur la température. Cette influence est telle que, sans les vents d'est, la chaleur serait insupportable sous l'équateur. Chez nous, en hiver, les vents du sud sont chauds et ceux du nord très froids. La raison est que l'air qui nous vient soit du nord, soit du midi, conserve une partie de la température des pays qu'il a parcourus. En outre, si les vents du sud-ouest nous amènent l'humidité, ceux du sud-est, qui viennent du continent, renferment peu de vapeur d'eau, et l'évaporation qui en résulte sur notre sol tend encore à abaisser la température. Mais si les vents de l'ouest sont remarquablement chauds en hiver, parce qu'ils couvrent le ciel de nuages, ils sont, au contraire, froids en été, parce qu'ils interceptent les rayons du soleil.

C'est aux vents du sud-ouest qui amènent l'air

humide et chaud de l'Atlantique, que l'Angleterre doit ses hivers tempérés. Dans les Açores, l'hiver est encore plus doux qu'il ne l'est à Londres et sur la côte orientale de l'Angleterre, où le vent n'arrive qu'après avoir perdu une grande partie de son humidité.

En Allemagne, la température moyenne de l'hiver est au-dessous de zéro ; mais aussi l'été y est-il plus chaud qu'en Angleterre. En général, plus nous pénétrons dans l'intérieur du continent, plus les hivers deviennent froids, et plus la différence entre l'hiver et l'été vient à s'accroître. Cette différence est de 23° à Saint-Pétersbourg ; elle est de 27° à Moscou, et de 31° à Kasan.

Dans l'intérieur de la Sibérie, le mercure reste gelé pendant plusieurs semaines ; c'est-à-dire que la température est pour le moins à 40° au-dessous de zéro. Pendant ce temps la côte occidentale de la Norwége jouit d'un hiver relativement très doux, mais au-delà des Alpes scandinaves on retrouve le climat continental.

Cependant si les hivers sont rudes et longs au nord de l'Europe, en revanche la rapidité de la végétation dépasse celle de tous les autres pays. Quelques semaines suffisent pour ensemencer les terres et récolter la moisson.

Les deux grandes mers qui s'étendent du pôle à l'autre entre l'Ancien et le Nouveau-Monde sont plus froides que la terre en été, et plus chaudes en hiver ; de sorte que l'on peut dire que leur température est à peu près uniforme. Il n'en est pas de même des courants marins, espèces de fleuves qui circulent sur la surface de l'Océan, comme la Loire dans les sables qui lui servent de lit. Le vent d'est, qui, comme je vous l'expliquerai plus tard, souffle régulièrement sur l'Atlantique, pousse vers l'ouest une masse d'eau considérable. Ce courant s'élargit continuellement et finit par se diviser en deux branches, dont l'une descend vers le sud et l'autre remonte vers le nord, en longeant la côte orientale de l'Amérique. Cette dernière branche entre dans le golfe du Mexique, passe dans le canal de Bahama, et se dirige ensuite vers le nord, sous le nom de *Gulfstream*, avec une vitesse d'environ 148 kilomètres par jour. Comme cette masse d'eau a été exposée longtemps aux rayons du soleil, elle a une température de plus de 27° au sortir du golfe du Mexique.

Une branche moins importante se sépare du courant principal et se dirige vers l'Europe. Tous les ans elle porte sur les côtes de la Norwége des fruits et des graines qui n'appartiennent qu'aux climats chauds de l'Amérique. Elle y apporte aussi jusqu'à des carapaces de tortue et des débris de navires naufragés dans la mer des Antilles.

Le Gulfstream, en traversant l'Atlantique, conserve pendant longtemps sa température primitive. Il n'est donc pas étonnant que, ainsi que les vents du midi, il élève singulièrement la température des côtes qu'il baigne sur son passage.

Les pays nus et arides ont en général une température plus élevée que ceux qui sont couverts de forêts, et, par suite, arrosés de pluies fréquentes. C'est à l'absence de végétation, due à l'absence des courants d'eau, qu'il faut attribuer le climat brûlant de l'intérieur de l'Afrique; et cependant ces lieux sont encore situés à plus de 300 mètres au-dessus du niveau de la mer.

La température de l'hémisphère austral est en général plus basse que celle de l'hémisphère boréal. Cependant, à l'extrémité australe de l'Amérique, si les coups de vents et les pluies presque continues rendent l'été de ces contrées fort désagréable, les hivers y sont au contraire très doux. Il en est à peu près de ce pays comme de la Norwége occidentale, où la pluie rafraîchit les étés et réchauffe les hivers.

Disons maintenant quelques mots des températures extrêmes. On a fait à ce sujet des observations dans les régions glacées du pôle, comme dans les déserts brûlants de l'Afrique. A Paris, la température la plus basse que l'on ait éprouvée depuis l'invention du thermomètre a été de 23° au-dessous de zéro, et la température la plus élevée de 38 au-dessus. A Pondichéry, le thermomètre est déjà monté jusqu'à 44 au-dessus, et à Moscou il est descendu jusqu'à 40 au-dessous. Ainsi l'homme peut supporter des degrés de température auquel l'animal finirait par succomber, mais aucun voyageur n'a observé en pleine mer une chaleur supérieure à 31°.

A mesure qu'on s'élève sur une montagne, on sent que la température baisse; mais le décroissement est plus rapide en été qu'en hiver. La configuration du pays influe aussi sur cette loi. Si le terrain s'élève doucement ou par gradins, le décroissement est beaucoup plus lent que sur les flancs des montagnes escarpées. Dans le premier cas, on peut admettre que la température baisse d'un degré par 255 mètres, tandis que, dans le second, 195 mètres suffisent déjà pour amener cette diminution. La température moyenne est de 1° au-dessus de zéro à l'hospice du Saint-Bernard, qui est à 4,843 mètres au-dessus du niveau de la mer.

L'abaissement de température avec la hauteur détermine aussi les limites de la vie des êtres organisés dans les montagnes. Dans les plaines de la Suisse, au pied des Alpes, règne la plus brillante végétation. On y trouve des champs et des prairies dont le produit sert à nourrir pendant l'hiver les bestiaux qui paissent sur les hauteurs pendant l'été, ainsi que des forêts magnifiques de hêtres, de sapins et même de pins.

Si l'on s'élève de 5 à 600 mètres, on rencontre la renoncule, la gentiane et l'oreille d'ours qui recouvre les rochers de ses fleurs d'un jaune soufré. A 1,800 mètres, la soldanelle croît encore dans les bas-fonds arrosés par la neige fondante, qu'elle encadre d'une bordure violette. Les pentes sont couvertes de rhododendrons, dont les fleurs rouges produisent un si bel effet.

A la hauteur de 2,000 mètres, la plupart des végétaux ont disparu et ne sauraient plus se propager.

Dans la Suisse septentrionale, la vigne ne s'élève pas au-delà de 550 mètres; sur la côte opposée des Alpes et dans le Valais, elle atteint 650 mètres. Pourtant il est des lieux plus favorisés, comme au pied du mont Rosa, où on la trouve encore à 1,000 mètres.

Il en est de même des céréales ; la récolte en est d'autant plus tardive que les terres sont plus élevées. Souvent elle est terminée dans la plaine, tandis qu'elle est encore sur pied sur les montagnes. Quelquefois même on est obligé de suspendre les gerbes à des échalas afin de faire mûrir le grain artificiellement. Dans le nord de la Suisse on voit des champs cultivés jusqu'à la hauteur de 1,000 mètres, mais on ne compte sur une récolte certaine que jusqu'à 900 mètres environ. Quant au maïs, il ne peut réussir au-delà de cette dernière limite. Il y a toutefois des exceptions dépendantes des localités.

Dans la Suisse septentrionale, on ne trouve plus d'arbres fruitiers au-delà de 880 mètres. Les cerisiers seuls montent plus haut. Cependant c'est avec peine que les capucins du couvent de Sainte-Marie-à-la-Neige, à 1,310 mètres au-dessus de la mer, peuvent faire mûrir leurs cerises, et encore les arbres sont-ils en espaliers. Les noyers disparaissent à la hauteur de 800 mètres, les châtaigniers encore plus tôt ; de sorte que l'on peut regarder 877 mètres comme la limite moyenne des cultures.

Il est évident que plus on avance vers le nord, et plus cette limite baisse. Ainsi en Laponie elle est à une centaine de mètres au-dessus du niveau de la mer. Dans l'Amérique du sud, on cultive le maïs entre 1,000 et 2,000 mètres, et les céréales d'Europe entre 2,000 et 3,000 ; le froment, dans les zones inférieures, le seigle et l'orge dans les zones supérieures. De 3,000 à 4,000 on ne cultive que la pomme de terre. La même gradation s'observe dans les arbres sauvages. Sur le versant méridional du mont

Rosa, les arbres montent jusqu'à 2,270 mètres ; au nord, ils ne dépassent pas 2,000 mètres. Dans les Pyrénées, du côté du midi, les sapins s'arrêtent à 2,570 mètres. En Laponie, le bouleau nain est le dernier arbre ; il cesse de croître à 585 mètres. Une autre remarque à faire, c'est que ces arbres changent de physionomie à mesure qu'ils approchent de la limite où ils finissent par disparaître. Leurs branches s'abaissent et leur bois devient plus dur.

Au-dessus de la région des forêts, on trouve dans les Alpes celle des pins rabougris, des aulnes et des genévriers. Ce dernier arbrisseau est aussi le dernier qui disparaisse sur le mont Ararat.

La région des forêts et celle qui la suit immédiatement constituent la partie productive des Alpes. Pendant l'été, elle nourrit de nombreux troupeaux qui montent à mesure que la neige disparaît. Il en est de même dans les Alpes scandinaves, où le Lapon nomade erre avec ses grands troupeaux de rennes.

En Suisse, les pâturages montent jusqu'à 2,600 mètres et plus. Les saules nains et des plantes herbacées couvrent le sol. Plus haut, on ne trouve que des lichens qui recouvrent le rocher dénudé.

De même que les arbres, les plantes se rabougrissent à mesure qu'elles s'élèvent à de plus grandes hauteurs. Une autre différence se remarque dans leur durée. Celles qui meurent annuellement après avoir donné leur semence, manquent presque totalement dans les régions supérieures : il n'en est pas ainsi des plantes vivaces, c'est-à-dire de celles qui se propagent par rejetons. La raison en est facile à concevoir : c'est qu'à ces hauteurs le climat

est si rigoureux que les graines n'ont pas le temps
d'arriver à leur maturité. Parmi ces plantes vivaces,
on distingue surtout des gazons épais et touffus,
dont la verdure, souvent parsemée de fleurs, forme
un contraste si frappant avec la blancheur de la
neige qui les entoure.

III

DE L'ATMOSPHÈRE. — DU BAROMÈTRE. — USAGE DE
CET INSTRUMENT. — RAPPORT DES VARIATIONS DU
BAROMÈTRE ET DE L'ATMOSPHÈRE.

Avant de vous parler des vents, il faut, mes enfants, que je vous entretienne de ce fluide rare et
transparent que nous appelons l'*air*. Comme tous
les autres corps, l'air jouit des propriétés générales
de la matière ; il est résistant, il est pesant. Nous
ne le voyons pas, mais nous le sentons. Il fait tourner les ailes des moulins, gonfle les voiles des vaisseaux et les met en mouvement ; et parfois aussi il
déracine les arbres, renverse les édifices, et ravage
les plus belles contrées.

La pression qu'exerce l'atmosphère sur nous est
telle que, pour un homme de moyenne taille, elle
équivaut à un poids de 1,600 kilogrammes. La raison pour laquelle nous ne nous apercevons pas de

cette énorme pression, c'est qu'elle est balancée
par la réaction des fluides contenus dans notre
corps. Il est même à remarquer que si cette pression
diminue, comme cela a lieu quand nous nous élevons à de grandes hauteurs, nous en sommes aussitôt incommodés. Nous en éprouvons alors une
fatigue extrême, un assoupissement auquel nous
succombons malgré nous. La respiration devient
pressée et haletante, et les pulsations prennent un
mouvement accéléré.

Quant à la faculté que nous avons de nous mou-
voir sous le poids que nous portons, nous la comprendrons facilement si nous réfléchissons que la
pression de l'air s'équilibre de toutes parts sur notre corps, comme celle de l'eau sur les poissons. Et
pourtant il y a dans la mer des poissons qui vivent
à plus de 3,000 mètres au-dessous de sa surface, et
qui ainsi sont chargés d'un poids cent fois plus fort
que celui que nous avons à supporter.

Cette pression de l'air diminue avec la hauteur à
laquelle nous nous élevons, parce que les différentes
couches qui le composent pèsent les unes sur les
autres. Supposez un certain nombre de feuilles
d'ouate empilées. La seconde feuille, à partir du
haut, est comprimée par le poids d'une feuille ; la
troisième, par le poids de deux ; la quatrième, par
le poids de trois, ainsi de suite jusqu'à la dernière,
qui porte toutes les autres. C'est ainsi à peu près
que sont pressées les différentes couches de l'atmosphère.

Pour déterminer la pression de l'air, autrement
dit sa pesanteur, on se sert du baromètre, dont l'in-

vention est due à Torricelli, élève de Galilée. Si, après avoir rempli de mercure un tube de verre de la longueur d'un mètre environ, et fermé par un bout, on bouche l'extrémité opposée avec le doigt, et qu'après avoir renversé le tube on le plonge par cette même extrémité dans un vase plein de mercure, en retirant le doigt on verra la colonne de mercure osciller comme le plateau d'une balance, et s'arrêter enfin à une hauteur de 76 centimètres environ, laissant le haut du tube entièrement vide d'air.

(Ici M. de Beaupré prit un tube et fit ce qu'il venait de dire.)

Voici ce qu'on appelle un baromètre, réduit toutefois à sa plus simple expression, comme l'avait fait Torricelli. Si la colonne de mercure que vous voyez ne tombe pas, comme cela aurait lieu si je cassais l'extrémité fermée, c'est parce qu'elle est soutenue par la pression de l'air qui pèse sur le mercure de la cuvette avec lequel la colonne est en communication. Nous pouvons de là conclure le poids de l'atmosphère, absolument comme, dans une balance ordinaire, nous déterminons le poids d'un corps au moyen d'autres poids connus et déterminés. Comme le mercure est treize fois et demi plus lourd que l'eau, si au lieu de mercure nous voulions employer l'eau, il nous faudrait un tube treize fois et demi plus long, c'est-à-dire de 11 mètres environ.

En transportant le baromètre à différentes hauteurs, on voit le mercure s'abaisser. Ainsi la longueur de la colonne, qui est de 76 centimètres au

niveau de la mer, n'est plus que de 57 centimètres
au sommet du grand Saint-Bernard. Elle est plus
petite encore au sommet du Mont-Blanc.

Une conséquence immédiate de ce rapport entre
la hauteur de la colonne barométrique et celle du
lieu où l'on se trouve, est que le baromètre peut
très bien servir à déterminer la hauteur des montagnes, surtout quand les moyens géométriques ne
peuvent être employés avec avantage. En effet, si
l'on s'élève de cent mètres, le mercure baisse généralement d'un centimètre. Pour cela, deux observa-
teurs se tiennent l'un au sommet, l'autre au pied de
la montagne, ils observent au même instant, et de
la différence de longueurs des colonnes dans les
deux baromètres ils concluent la différence de niveau
des deux stations, c'est-à-dire la hauteur de la montagne. Mais il existe d'autres causes que l'air qui
influent sur les résultats, telles que la température,
et ce n'est que par des calculs assez longs que l'on
arrive au but désiré. En outre, il faut pour ces
observations des baromètres bien différents de ceux
que l'on voit dans nos salons. C'est au moyen du
baromètre que M. Gay-Lussac a pu déterminer la
hauteur à laquelle il était arrivé dans son ascension
aérostatique. Cette hauteur, qui est de 7,000 mètres,
est la plus grande à laquelle l'homme soit jamais
parvenu.

Le baromètre n'est jamais en repos, il monte ou
descend continuellement. Quelques-uns de ces mouvements sont réguliers ; d'autres, au contraire, dé-
pendent de circonstances tout-à-fait changeantes.
Ainsi, parce que l'on a remarqué en général que

le temps est beau lorsque le baromètre est haut, et qu'il pleut lorsqu'il est bas, on est convenu de prendre le baromètre comme un indicateur du temps. Il s'en faut pourtant beaucoup que cet instrument soit un bon prophète ; il annonce souvent tout le contraire de ce qui doit arriver. Le baromètre n'a d'autre fonction que d'indiquer la pression de l'atmosphère ; il monte ou descend selon que cette pression augmente ou diminue. Si les changements que nous observons dans la hauteur de la colonne barométrique coïncident souvent avec des changements dans le temps, cela ne veut pas dire qu'ils sont intimement liés entre eux : cette coïncidence tient à des circonstances purement locales. Ainsi, mes amis, quand vous aurez projeté une partie de plaisir, ne consultez pas le baromètre comme un juge infaillible ; je vous indiquerai plus tard des signes plus certains tirés de l'aspect du ciel.

Cependant, à l'approche des tempêtes, on remarque en général, dans le baromètre, de grandes oscillations, résultat immédiat des perturbations dans l'atmosphère. Un capitaine de navire m'a assuré qu'il avait toujours prévu les coups de vent, grâce à la constance avec laquelle il observait le baromètre. Un autre a prédit de la même manière la tempête dix-sept fois sur dix-huit.

Sur la fin de l'année 1821, le baromètre subit en Europe une baisse extraordinaire. Elle fut suivie d'un hiver très doux à Paris, tandis qu'aux Etats-Unis, en Perse et en Afrique, la saison était très rigoureuse. A Paris, l'été suivant fut plus sec et plus chaud que de coutume ; mais pendant que les vents secs régnaient en Europe, des vents humides et violents ne cessèrent de souffler dans l'Inde.

La terrible inondation du Rhin dans l'automne de 1828, le débordement de la Neva à Saint-Pétersbourg, et les coups de vent sur les côtes de la Norwége furent accompagnés de grandes oscillations dans la colonne barométrique. Les pluies étaient alors si abondantes que dans plusieurs villes d'Allemagne des sources jaillissaient sur les places publiques. Cette même année, au contraire, fut très sèche dans l'Inde, car à Bombay la quantité de pluie fut de 118 centimètres au-dessous de la moyenne.

Une différence encore plus sensible a été remarquée pendant l'hiver de 1829 à 1830. Cette saison fut une des plus froides qu'on ait jamais ressenties en Europe; et en Amérique la température était si douce qu'il n'y avait point de glaces sur la côte occidentale, circonstance qui permit au capitaine Ross de s'avancer si loin vers le nord.

De violentes perturbations dans l'atmosphère annoncèrent pareillement l'hiver si doux de 1833 à 1834. Les vents du sud-ouest avaient régné avec force dès le commencement de juillet, et les journaux étaient remplis de nouvelles de naufrages sur les côtes de la France et de l'Angleterre. Dans les Alpes, il y eut aussi des tempêtes, et il tomba des masses de neige et des averses de pluie si fortes que les habitants furent contraints de se réfugier dans la plaine dès les premiers jours de septembre. Pendant ce temps, l'Inde, le Brésil et la Guyane étaient désolés par la sécheresse, à tel point qu'un grand nombre d'habitants moururent de faim. En

Chine, il y eut des inondations terribles, et, par
contre, la crue du Nil fut tout-à-fait insignifiante.
Dans plusieurs contrées de l'Allemagne, on vit les
arbres bourgeonner au mois de janvier, et plusieurs
espèces restèrent en fleur pendant l'hiver A l'entrée
de la belle saison, les vents d'est succédèrent à ceux
du sud, et amenèrent en Europe une sécheresse générale. Mais la lutte entre ces deux vents causa de
violentes tempêtes qui ravagèrent plusieurs contrées. Ce fut alors au tour de l'Inde d'être inondée
par les pluies, et au Nil de déborder d'une manière
effrayante.

Mais pour voir ces contrastes dans la température, il n'est pas toujours nécessaire de sortir de
l'Europe ; les Alpes souvent suffisent pour leur servir de limites. Généralement, lorsque l'hiver est
doux dans le nord de la France, les Provençaux se
plaignent de l'âpreté du froid. Ainsi, dans les premiers mois de l'année 1838, qui furent si rigoureux
en France, en Allemagne, en Angleterre et en Russie, le temps était très doux et pluvieux à Lisbonne ;
à Marseille les amandiers étaient en fleur au mois
de janvier ; à Naples et à Alger l'hiver passa ina-
perçu. De l'autre côté des Apennins, au contraire,
à Bologne et dans la Lombardie, où le climat ressemble à celui du reste de l'Europe, le froid fut d'une
intensité extraordinaire.

Ainsi donc, une forte baisse ou de grandes oscillations dans le baromètre prouvent qu'il y a des
perturbations dans l'atmosphère et des luttes de
vent opposées dont la suite nécessaire est le changement de temps. Si nous savions alors le temps qu'il

fait sur le reste de la terre, nous pourrions connaître à peu près celui auquel nous devons nous attendre. Quand, par exemple, le baromètre est bas, il
faudrait savoir si le froid est grand en Amérique
ou en Asie. Dans le premier cas, les vents de l'ouest
nous amèneront de la pluie ; dans le second, les
vents d'est nous amèneront du froid. Mais ce n'est,
après tout, que des conjectures ; aussi je ne m'ar-
rêterai pas plus longtemps sur ce sujet, et comme
je vous ai parlé beaucoup des vents aujourd'hui, je
vous dirai demain comment ils se forment.

IV

FORMATION DU VENT. — VENTS DE TERRE ET VENTS DE MER. — VENTS ALIZÉS. — MOUSSONS. — LE SIMOUN.

JE vous ai expliqué dernièrement comment les couches d'air pèsent les unes sur les autres. Il résulte de cette pression que le même espace contient une plus grande quantité d'air dans les régions inférieures que dans les régions supérieures. La quantité plus ou moins grande d'air renfermé sous un espace donné est ce qu'on appele la *densité* de l'air. Et cette densité, ainsi que celle de tous les corps, augmente à mesure que la température baisse, par suite de la diminution de volume qui est le résultat du refroidissement.

Tant que cette densité n'est point troublée, l'atmosphère est en repos ; mais dès qu'elle est interrompue par une cause quelconque, il en en résulte un mouvement dans les couches de l'atmosphère, qui prend le nom de *vent*.

Considérons un vase plein d'eau en ébullition. La

partie du liquide la plus proche du foyer ayant une densité moindre, et par suite un poids plus léger que le reste de la masse, parce qu'elle est plus chaude, monte jusqu'à la surface, et tandis qu'elle s'éloigne du foyer, le liquide plus froid, et par conséquent plus lourd, s'en rapproche au fond du vase, et remplace ainsi le liquide chaud au fur et à mesure que celui-ci s'élève contre les parois.

Pareille chose se passe dans l'air. Supposez, par exemple, qu'en Touraine l'atmosphère soit plus échauffée que dans les provinces voisines, la colonne d'air qui est située au-dessus se dilatera, et l'air des environs affluera vers nous ; de sorte que nous sentirons un vent qui sera plus ou moins fort. Ainsi, en général, on peut dire que si deux contrées voisines sont inégalement échauffées, il se produit dans les couches supérieures de l'air un vent allant de la région chaude à la région froide et à la surface du sol un courant contraire, c'est-à-dire allant de la région froide à la région chaude.

Je vais vous citer une petite expérience qui vous expliquera parfaitement ce que je viens de vous dire. Quand, en hiver, on ouvre une porte qui communique d'un appartement froid à un appartement chaud, il s'établit aussitôt deux courants, l'un supérieur, de la chambre chaude à la chambre froide, l'autre inférieur, et dirigé en sens inverse. Pour s'en assurer, il suffit de placer deux bougies sous la porte, l'une en haut, l'autre en bas ; la flamme de la première se dirigera invariablement vers la chambre froide, la seconde vers la chambre chaude. La flamme d'une troisième bougie placée vers le milieu de la porte restera droite.

Quelques naturalistes avaient supposé à tort que les vents sortaient de terre. Il est vrai que les éruptions des volcans où la terre s'ouvre sont souvent accompagnées de violentes tempêtes ; mais cette coïncidence s'explique de la manière la plus simple : la chaleur dégagée par le volcan détermine un courant d'air ascendant absolument comme le feu de nos cheminées, et alors l'air froid afflue de tous les côtés vers la montagne ; de sorte que le vent a une direction tout-à-fait opposée à celle qu'il devrait avoir s'il s'échappait du cratère.

Vous avez déjà sans doute remarqué bien des fois l'inégale intensité du vent. Cette intensité varie depuis le souffle léger connu sous le nom de zéphyr, jusqu'à l'ouragan qui arrache les arbres et brise les vaisseaux contre la côte. On divise les vents en vent faible que les marins appellent *petite brise*, en vent modéré ou *jolie brise*, en vent assez fort ou *brise fraîche*, en vent violent ou *grand frais*, coup de vent et tempête. Quant à ces derniers vents, on en a observé à Saint-Pétersbourg dont la vitesse était de 40 mètres par seconde.

Autant la vitesse des vents est variable, autant ils diffèrent par la direction dans laquelle ils soufflent. Pour déterminer cette direction, l'observateur se suppose placé au centre d'un cercle dont la circonférence est divisée en un certain nombre de parties égales, et les points de division sont ce qu'on appelle *aires* ou *rumbs des vents*. Les quatre points principaux qui correspondent au *nord*, au *sud*, à

3

l'est et à l'ouest ont reçu le nom de *points cardinaux*.
Les quatre points milieux entre ces derniers sont le
nord-est, le *nord-ouest*, le *sud-est* et le *sud-ouest*.
Il existe encore d'autres points de division en usage dans la marine, dont je crois inutile de vous parler. L'ensemble de toutes ces divisions est désigné
sous le nom de *rose des vents*.

Les girouettes, sur nos maisons, indiquent la
direction du vent à la surface de la terre ; les nuages, celle des courants supérieurs. Ces deux directions diffèrent très souvent l'une de l'autre, et la
raison de cette différence se comprendra facilement
d'après ce que j'ai déjà dit et d'après ce qui me
reste à dire. Passons maintenant à la classification
des vents.

Nous distinguerons en premier lieu les vents de
terre et les vents autrement dits les *brises* de mer.
Sur les côtes, lorsque le temps est calme, on ne sent
aucun mouvement dans l'air avant huit ou neuf heures
du matin : mais alors s'élève peu à peu une brise de
mer qui augmente continuellement de force jusqu'à
trois heures de l'après-midi. Ensuite elle s'affaiblit
par degrés pour céder la place au vent de terre.
Celui-ci commence à souffler peu après le coucher
du soleil, et va en augmentant jusqu'à son lever.

La direction de ces vents est perpendiculaire à
celle de la côte, à moins qu'elle ne soit modifiée
par d'autres perturbations atmosphériques.

Pour nous rendre compte maintenant de ce phénomène, observons que, sur les huit à neuf heures
du matin, la température est à peu près la même
sur la terre et sur la mer. A mesure que le soleil

s'élève, le sol s'échauffe; et commme il s'échauffe
plus rapidement que l'eau, il en résulte, d'après
ce que nous avons vu, un courant d'air se dirigeant de la mer vers la côte, tandis qu'il s'établit
un courant opposé dans les régions supérieures,
comme l'indique souvent la marche des nuages.

De même que la terre s'échauffe plus vite que
l'eau, elle se refroidit aussi plus rapidement, et les
deux courants changent de direction, c'est-à dire
que le vent souffle de la terre vers la mer.

Ce phénomène, que nous remarquons périodi-
quement sur nos côtes, prend un caractère constant
au voisinage de l'équateur. Lorsque Colomb s'aven-
tura le premier dans l'océan Atlantique, où il pres-
sentait l'existence d'un autre continent, ses compagnons furent effrayés de la persistance des vents
d'est qui les poussaient en avant. Ils désespéraient
déjà de retourner jamais dans leur patrie. Ces vents
ont reçu le nom de *vents alizés.*

Longtemps on a cherché à les expliquer, et cependant ils n'offrent rien d'extrordinaire. Les régions qui avoisinent l'équateur étant fortement
échauffées par le soleil, il se forme un courant d'air
ascendant qui donne lieu à un courant supérieur
horizontal se dirigeant de l'équateur vers les pôles.

Par suite il en existe un autre inférieur qui se
dirige en sens inverse. Si donc la terre était immobile, on sentirait dans l'hémisphère boréal un vent
du nord, et dans l'hémisphère austral un vent du
sud. Mais comme il n'en est pas ainsi, et que la
terre tourne de l'occident à l'orient, chaque molé-
cule d'air arrivant du pôle frappera obliquement

l'observateur, et celui-ci recevra ainsi l'impression d'un vent nord-est ou sud-est, selon qu'il se trouvera dans l'un ou dans l'autre hémisphère ; car il faut remarquer que pour sentir du vent, il n'est pas nécessaire que l'air soit agité, il suffit que nous soyons nous-mêmes en mouvement, pourvu que ce mouvement soit rapide. A mesure que l'on approche de l'équateur, les deux vents nord-est et sud-est tendent à se confondre en un seul que l'on nomme généralement le *vent d'est*.

Cependant le vent d'est ne s'étend pas régulièrement jusque sous la ligne. La chaleur intense qui règne dans cette région neutralise le mouvement horizontal de l'air. Aussi appelle-t-on cette région la *région des calmes*. Si le vent s'y fait sentir, ce n'est que par bourrasques, comme nous le verrons plus loin.

Quant aux courants d'air supérieurs, correspondant aux vents dont je viens de parler, leur existence a été démontrée bien des fois, soit par la direction des nuages, soit par celle des cendres des volcans, qui sont généralement transportées de l'ouest à l'est.

Les vents qui règnent dans la mer des Indes présentent des phénomènes plus difficiles à expliquer. Cela tient à la configuration des terres, qui influent toujours beaucoup sur le mouvement des courants aériens. Il existe pourtant dans les Indes des vents réguliers, mais dont la direction n'est pas la même en hiver qu'en été. On les désigne sous le nom de *moussons*, mot dérivé du malais *moussin*, qui veut dire *saison*. Je n'entrerai pas à ce sujet dans des détails qui n'auraient aucun intérêt pour vous ; mais

vous devez concevoir de quelle importance ils sont
pour le navigateur. Déjà, dans l'antiquité la plus
reculée, les moussons favorisaient les communica-
tions alors si fréquentes entre l'Inde et l'Egypte.

Les Grecs qui naviguaient sur la Méditerranée
avaient aussi leurs moussons sous le nom de *vents
élésiens;* car le mot grec *étos* signifie la même
chose que le *moussin* des Malais. Vous savez qu'au
sud de la Méditerrannée s'étend l'immense désert
de Sahara. Comme le sable de ce désert s'échauffe
fortement sous l'influence des rayons d'un soleil
presque vertical, tandis que les flots de la mer conservent leur température habituelle, l'air s'y élève
avec une grande rapidité et s'écoule vers le nord.
Par suite, on éprouve dans le bas un vent du nord
qui se fait déjà sentir en Grèce, en Italie, et même
en Provence, mais qui règne particulièrement sur
toute la côte septentrionale de l'Afrique. C'est pour
cela qu'en été la traversée d'Europe en Afrique est
beaucoup moins longue que le retour. En hiver
c'est le contraire : l'air du désert étant plus froid
que celui de la mer, on sent en Egypte un vent du
sud moins fort pourtant que le vent du nord en été.

Le contre-courant des vents alizés, c'est-à-dire
le courant qui, dans les régions supérieures, se
dirige vers le nord, perd de sa vitesse à mesure
qu'il s'éloigne de l'équateur, et finit enfin par s'a-
baisser vers le 30e degré de latitude. Telle est
l'origine des vents du sud-ouest qui règnent dans
l'hémisphère boréal. Sur la mer, ces vents soufflent
avec une régularité telle que les paquebots, favorisés en outre par le gulfstream, ne mettent que

vingt-trois jours environ pour aller de New-York à Liverpool, tandis qu'il leur en faut quarante pour retourner en Amérique.

La région où les vents contraires se séparent offre des alternatives continues de calme et de coups de vent. En général, les tempêtes ne se font sentir que dans les parages où les vents cessent d'être réguliers. Ainsi, le voyage aux Etats-Unis offre beaucoup moins de danger que le voyage aux Indes, où l'on est forcé de traverser ces régions intermédiaires, tantôt calmes, tantôt agitées par les tourbillons de vent.

Quant aux vents irréguliers que nous ressentons sur le continent européen, il serait difficile de dire rien de déterminé. Seulement on a observé qu'en hiver la direction du vent est plus australe que dans le reste de l'année. Au printemps règnent les vents d'est ; en été, et surtout dans le mois de juillet, les vents de l'ouest ; en automne, et particulièrement dans le mois d'octobre, ce sont ceux du sud.

Les vents d'ouest, venant de la mer, sont beaucoup plus humides que les vents d'est qui viennent du continent. Dans le midi de l'Europe, les vents du nord paraissent excessivement froids, surtout quand ils se joignent à ceux que détermine la différence de température des Alpes et de la Méditerranée. Il en résulte alors une *bise* extrêmement violente que les habitants de l'Istrie appellent *bora*. Il en est de même de la vallée du Rhône où règne souvent un vent sud très froid appelé *mistral*, et qui n'est pas moins redoutable que le vent du nord connu en Espagne sous le nom de *gallego*.

Les grands déserts engendrent à leur tour des vents très chauds et qui ont donné lieu à des contes absurdes que les Arabes nomades cherchent à accréditer, afin d'éloigner d'eux les habitants des villes.

Dans presque tout l'Orient, le vent brûlant du désert s'appelle *samoun ou simoun*, de l'arabe *sama*, qui veut dire à la fois chaud et vénéneux. Quand il s'élève, il emporte avec lui du sable et de la poussière en si grande quantité qu'il obscurcit les rayons du soleil, qui alors paraît plus pâle que la lune. Le vert des arbres devient d'un bleu sale, et les animaux inquiets et effrayés, errent de tous côtés. La peau du voyageur qui erre dans ces contrées se gerce, son gosier s'enflamme, sa respiration devient plus accélérée, une soif ardente le dévore, et quand il veut l'étancher, il se trouve que l'eau contenue dans les outres s'est évaporée. C'est ainsi que plus d'une caravane a péri dans le désert, mais il faut ranger parmi les contes arabes ces histoires des vents pestilentiels dont le souffle donne la mort.

Si les Arabes se couvrent la face, si les chameaux tournent la tête du côté opposé au vent, c'est uniquement pour empêcher que le sable ne pénètre dans les yeux et dans la bouche. Pour s'opposer aux suites funestes de l'évaporation que la chaleur produit sur la peau, les habitants de l'Afrique s'enduisent le corps de graisse, et ceux des bords de l'Euphrate de boue humide.

Quoique ce soit particulièrement dans les déserts de l'Asie et de l'Afrique que les vents chauds exercent leur influence, on trouve aussi des vents d'une température très élevée dans la Louisiane, au Chili, et dans les grandes plaines de l'Orénoque. Même en Europe, nous avons le *solano* d'Espagne et le sir*occo* d'Italie qui jettent les hommes et les animaux dans une langueur dont nous ne pouvons nous faire une idée. Le premier naît probablement dans l'Andalousie, le second sur les rochers arides de la Sicile; il n'est pas nécessaire d'aller chercher leur origine jusque dans les déserts de l'Afrique

V

DES VAPEURS. — CONDENSATION DES VAPEURS DE L'ATMOSPHÈRE. — FORMATION DE LA ROSÉE ET DE LA GELÉE BLANCHE.

QUAND on laisse un vase plein d'eau exposé à l'air, on ne tarde pas à remarquer que la surface du liquide a baissé. Cette diminution est due à l'*évaporation*, c'est-à-dire à la conversion d'une partie de l'eau en *vapeurs*. Ces vapeurs restent suspendues dans l'atmosphère jusqu'à ce que, par suite de l'abaissement de la température, elles se condensent et retournent à l'état liquide, c'est-à-dire reproduisent de l'eau. C'est ainsi que dans nos appartements nous voyons en hiver les vitres des croisées couvertes d'une couche humide provenant des vapeurs dégagées par la respiration, et qui, mises en contact avec les carreaux, s'y sont, comme on dit, précipitées. La même chose s'observe en été sur une carafe pleine d'eau fraîche, quand on l'apporte dans une chambre où se trouvent plusieurs personnes.

La vapeur est invisible comme l'air; le petit
brouillard qui s'élève au-dessus d'un vase où l'eau
est en ébullition n'est plus, à proprement parler, de
la vapeur; c'est déjà de l'eau à l'état vésiculaire,
comme je vous l'expliquerai bientôt. Il en est de
même des vapeurs qui sortent de notre bouche; on
ne les remarque pas en été, tandis qu'on les voit
très bien en hiver.

Pour déterminer la quantité des vapeurs conte-
nues dans l'air, on se sert d'un instrument appelé
hygromètre. Pour avoir une idée de cet instrument,
prenez une corde de boyau parfaitement sèche, et
exposez-la à un courant d'air humide, vous la verrez aussitôt se détordre et changer de grosseur et
de longueur. C'est sur ce principe qu'est fondée la
construction de ces petites figures en bois ou en
carton qui se couvrent ou se découvrent selon que
le temps passe à l'humidité ou à la sécheresse. Mais
il faut se défier de ces indications comme de celles
du baromètre : car nous pouvons avoir un ciel couvert avec une grande sécheresse.

La vapeur étant le résultat de l'action de la chaleur sur l'eau, il est évident qu'elle ne doit pas se
former en égale quantité dans les différentes heures
du jour et dans les différentes saisons de l'année.
Ainsi, à mesure que le soleil monte, l'évaporation
devient de plus en plus active; vers le soir, quand
la température commence à baisser, les vapeurs
descendent et se précipitent. Ce fait est prouvé
par le fait contraire; en effet, tandis que, vers
midi, la quantité de vapeurs répandues dans les

régions basses diminue, elle augmente dans les lieux élevés.

Il en est de même des saisons de l'année. Le mois de juillet, où la chaleur est la plus forte, est aussi celui où l'évaporation est la plus rapide; et c'est pour cela qu'il est le moins humide de l'année. Aux approches de l'hiver, la quantité d'eau qui se précipite sous la forme de pluie, de rosée, de gelée blanche, est beaucoup plus considérable que celle qui passe à l'état de vapeur. En conséquence, l'humidité augmente continuellement. De là les froids humides qui caractérisent particulièrement les mois de novembre et de décembre.

En pleine mer, l'atmosphère est continuellement saturée de vapeurs, c'est-à-dire qu'elle contient toute la quantité de vapeurs qu'elle est capable de contenir. La même chose s'observe sur les côtes; mais les vapeurs diminuent à mesure qu'on avance dans les terres. L'air est habituellement très sec dans l'intérieur des États-Unis et dans les steppes de la Russie. Les déserts de l'Afrique n'étant traversés par aucun courant d'eau, n'offrent aucun indice d'évaporation. En outre, l'extrême chaleur du climat, augmentée encore par la réverbération des rayons du soleil par le sable, s'oppose à la condensation des vapeurs qui pourraient se trouver dans l'air. Aussi ces contrées sont-elles condamnées à une éternelle stérilité.

Généralement l'air est plus sec dans les régions élevées que près du sol; et si l'on monte un ballon à de grandes hauteurs, comme l'a fait M. Gay-Lussac, la sécheresse devient telle qu'elle déforme le bois, le parchemin, et tous les corps qui renferment le moindre vestige d'humidité.

Nous savons par expérience que les vents influent beaucoup sur l'état hygrométrique de l'atmosphère. Quand le laboureur veut sécher ses blés ou ses foins, ses désirs sont bientôt satisfaits quand le vent d'est souffle d'une manière continue, tandis que, par un vent d'ouest, il est obligé d'attendre bien longtemps.

Lorsque l'air contient une plus grande quantité de vapeurs qu'il ne peut contenir à l'état de saturation, une partie de ces vapeurs se condense et tombe à terre ou flotte dans les airs. Dans le premier cas, elle forme la rosée ou la gelée blanche; dans le second le brouillard et les nuages.

Pour expliquer le phénomène de la rosée, les anciens avaient fait bien des hypothèses plus ou moins absurdes. Les uns pensaient que c'était une pluie fine venant des dernières limites de l'atmosphère; les autres prétendaient au contraire qu'elle sortait de terre; tous lui attribuaient des propriétés extraordinaires. Les alchimistes recueillaient avec soin la rosée, parce que, la regardant comme un produit des astres, ils espéraient y trouver de l'or. C'est à un Anglais, nommé Wells, que l'on doit la première théorie raisonnable que l'on ait imaginée jusqu'à ce jour, et elle a été suivie depuis par tous les physiciens. Selon cette théorie, la rosée n'est qu'un effet de l'abaissement de la température dans la surface du sol et dans les couches d'air contiguës. Après le coucher du soleil, quand le temps est calme et serein, le sol perdant sa chaleur par suite du rayonnement, sa température descend de plusieurs degrés au-dessous de celle de l'air. Alors il arrive ce que l'on observe sur nos vitres en hiver, c'est-à-dire que les vapeurs se précipitent et couvrent la terre de rosée.

Plus cet abaissement de la température est prononcé, et plus la rosée est abondante. Les cultivateurs savent très bien que les nuits à fortes rosées sont très froides; mais ce froid·est la cause et non l'effet de la rosée.

Souvent la couche d'eau qui, au printemps, couvre les bourgeons et les fleurs des plantes, se change en une couche de glace qui les gèle, ou, comme disent les gens de la campagne, les *roussit*. De là le préjugé de la *lune rousse*, nom que l'on a donné à la lune d'avril; ce n'est pas la lune qui produit cet effet désastreux qui détruit souvent l'espoir du laboureur, mais le froid résultant du rayonnement de la terre. Ce rayonnement est d'autant plus fort que le ciel est plus serein; et comme la lune ne lui t que dans les nuits sereines, on attribue injustement à cet astre ce qui ne doit être attribué qu'à l'état du ciel. D'ailleurs le même effet se produit lors même que la lune n'est pas à l'horizon.

Tout ce qui s'oppose au rayonnement empêche aussi la formation de la rosée. Lorsque le ciel est couvert de nuages, le sol reste presque sec; de même le gazon qui entoure le pied d'un arbre est beaucoup moins mouillé que celui qui est dépourvu de cet abri. Si l'on tient à préserver quelque plante de l'action du froid de la nuit, il suffit souvent de la couvrir d'une toile ou d'une natte. Dans certains pays, on emploie un autre moyen pour empêcher la vigne de geler. On allume autour des feux qui donnent beaucoup de fumée, et cette fumée joue le même rôle que les nuages, c'est-à-dire qu'elle intercepte les rayons calorifiques du sol, qui sans cela se perdraient dans l'espace.

Il n'y a point de rosée non plus quand il fait du vent ; car alors les couches d'air, refroidies par le contact avec le sol, sont constamment remplacées par d'autres dont la température est plus élevée.

Plus un corps est mauvais conducteur de la chaleur, plus il se couvre de rosée. Ainsi le verre devient plus vite humide que les métaux, et les corps organisés plus vite que le verre. Cela a lieu surtout quand ces corps sont menus ou divisés, tels que les plumes ou les flocons de laine.

La quantité de rosée dépendant, d'un autre côté, de la quantité de vapeurs suspendues dans l'atmosphère, on peut considérer chez nous les nuits à rosée abondante comme un présage de pluie. Dans l'intérieur de l'Asie et de l'Afrique, les rosées sont presque nulles et ne tombent que dans le voisinage des fleuves et des lacs.

Si la température du sol est au-dessous de zéro, la vapeur précipitée se congèle sous la forme de beaux cristaux qui, par de belles journées d'hiver, changent si agréablement l'aspect lugubre de nos campagnes ; mais, au printemps, comme je l'ai déjà dit, ce phénomène n'a jamais lieu qu'au détriment des plantes.

La rosée, ainsi congelée, est ce que nous appelons la *gelée blanche* Elle est très fréquente dans

les régions polaires, par les temps brumeux. Les
manœuvres des navires sont alors ornées de franges
étincelantes et de superbes cristallisations que les
marins ont désignées sous le nom de *barbes*.

VI

PRÉCIPITATION DES VAPEURS DANS L'ATMOSPHÈRE. — DES BROUILLARDS ET DES NUAGES.

De même que la vapeur d'eau se précipite sur le sol, ainsi elle se précipite dans l'atmosphère. Cette précipitation prend le nom de *brouillard* quand elle a lieu dans les couches inférieures de l'atmosphère, et celui de *nuage* quand elle se fait dans les régions supérieures. Ainsi le voyageur qui s'élève au sommet d'une haute montagne se plaint que le *brouillard* lui dérobe la vue, tandis que pour l'habitant de la plaine, le sommet de la montagne est enveloppé de *nuages*.

A mesure que les molécules d'eau se précipitent, elles se groupent sous la forme de petits globules analogues à ceux que forment de légères gouttes d'eau sur une surface enduite de graisse. Mais ces globules sont-ils pleins ou creux, c'est ce qu'on n'a pas encore pu déterminer. Cependant l'opinion que ces globules sont creux paraît beaucoup plus fondée que l'autre, et c'est pour cela qu'on a donné à cet état particulier de l'eau le nom de *vapeur vésiculaire*.

Ce qui semble justifier cette hypothèse, c'est que les nuages n'offrent jamais d'arc-en-ciel, lors même que le spectateur, le nuage et le soleil se trouvent dans la position la plus favorable à la production du phénomène. Il ne serait pas ainsi si les nuages étaient composés de gouttelettes peines, comme nous le verrons plus tard.

Une autre remarque importante à faire est celle-ci : une goutte d'eau de savon n'offre rien de particulier ; mais si par l'insufflation on change cette goutte en bulle, expérience que vous avez faite souvent, cette bulle paraît ornée des plus brillantes couleurs. Eh bien ! en observant à la lumière et à travers un verre grossissant les globules qui s'élèvent de l'eau chaude, on voit à leur surface des couleurs semblables à celles que présentent les bulles de savon.

Quelques physiciens sont parvenus, au moyen du microscope, à mesurer les diamètres des vésicules d'eau. On a trouvé qu'en moyenne ce diamètre était de 224 dix-millièmes de millimètre, c'est-à-dire qu'il faudrait placer environ 45 de ces vésicules les unes à la suite des autres pour former la longueur du millimètre. En hiver, par les temps humides, ce diamètre est deux fois plus fort que quand l'air est sec ; il augmente, en général, quand le temps se met à la pluie.

Les circonstances qui accompagnent la formation du brouillard sont souvent fort différentes de cel-

les au milieu desquelles se dépose la rosée. Pour la
rosée, le sol est toujours plus froid que l'air, le contraire a lieu pour le brouillard. Le sol humide est
plus chaud que l'air, et les vapeurs qui s'en dégagent deviennent presque aussitôt visibles. C'est
ainsi qu'en automne nous voyons souvent des brouillards planer sur la surface des rivières, dont l'eau
est beaucoup plus chaude que l'air, du moins avant le
lever du soleil.

Cependant il peut arriver que l'eau ou le sol soient
plus chauds que l'air, sans qu'il se forme des brouillards. C'est qu'on voit très bien en hiver dans
les salines. Quand le temps est sec, on aperçoit au-
dessus des appareils de concentration une colonne de
vapeur qui disparaît à une certaine hauteur. L'air
au contraire est-il chargé d'humidité, cette vapeur
s'étend au loin comme un nuage. La raison de cette
différence est que, dans le premier cas, la vapeur
passant à l'état vésiculaire à la sortie de la chau-
dière, reprend son premier état dans les couches
sèches de l'atmosphère, tandis que, dans le second,
l'air étant déjà saturé, elle conserve l'état vésiculaire. On observe la même chose au-dedans des
sources d'eaux thermales et des cratères des volcans.
Les anciens déjà avaient fait sur le volcan de Strom-
boli une observation dont la justesse a été vérifiée
depuis. Lorsque ce volcan est couvert d'un nuage,
les habitants des îles Lipari savent qu'il pleuvra
bientôt. En effet, l'air saturé de vapeur d'eau ne
peut plus dissoudre complètement celle qui s'é-
chappe du cratère.

Dans les contrées où le sol est humide et chaud,

l'air humide et froid, on voit des brouillards épais et
fréquents. C'est le cas de l'Angleterre, dont les côtes
sont baignées par une mer dont la température en
général est élevée. À Londres surtout les brouillards
ont quelquefois une densité extraordinaire. Tous
les ans on lit dans les journaux que les habitants de
Londres ont été forcés d'allumer le gaz en plein
jour, non-seulement dans les maisons, mais encore
dans les rues. Le 24 février 1832, il y eut un brouillard tellement épais qu'on ne voyait pas clair à
midi. Le soir, la ville ayant été illuminée, car c'é-
tait le jour aniversaire de la naissance de la reine,
on vit des jeunes gens se promener sur les places
avec des torches, en disant qu'ils étaient à la re-
cherche de l'illumination. On cite des brouillards
analogues à Paris et à Amsterdam, et quelquefois, à
une petite distance de ces villes, le ciel était parfaitement serein. Mais ce qui ajoute encore à l'effet
du brouillard en Angleterre, c'est la fumée du
charbon de terre, qui s'étend parfois comme un
nuage sombre sur le pays.

Comme le brouillard ne saurait se former sans eau,
on ne l'observe jamais dans les déserts. Si quelques
voyageurs se sont imaginé d'en voir, c'étaient des
nuées de sable soulevées par le vent. Il en est de
même de ce qu'on appelle *brouillard sec*. Ce n'est
autre chose que la fumée des tourbières auxquelles
on met le feu pour préparer les terrains à la culture.
Voilà pourquoi il est surtout commun dans l'Allemagne septentrionale et occidentale, ainsi qu'en
Hollande.

Celui de 1783 a fait une sensation générale en

Europe. Son épaisseur était telle que sur quelques points on ne pouvait distinguer des objets éloignés de 5 kilomètres ; quelquefois ils paraissaient bleus ou entourés de vapeur. Le soleil paraissait rouge, sans éclat, et on pouvait le regarder fixement en plein midi ; à son lever et à son coucher il disparaissait dans la brune. Ce brouillard fut observé en moins d'un mois en France, en Italie, en Allemagne, en Norwége, à Bade, à Moscou et en Syrie.

Quelquefois la vapeur ne se transforme en brouillard qu'à des distances plus ou moins grandes de l'endroit où elle s'est développée. Ces sortes de brouillards sont communs dans les montagnes. Même dans les contrées où il ne pleut que rarement et où le ciel est presque toujours serein, comme dans l'intérieur de l'Asie et de l'Afrique, on voit les sommets enveloppés de nuages épais.

Souvent la vapeur, après être montée le long des flancs d'une montagne, se précipite à l'instant où elle arrive au sommet. Ce phénomène est dû à la différence de température des couches de l'atmosphère ; mais ce qui le détermine particulièrement, ce sont les vents opposés qui se rencontrent sur la crête de la montagne. Dans les Alpes, on voit parfois un nuage attaché à chaque sommet, tandis que les intervalles sont parfaitement clairs, et cela dure pendant des heures et même des journées entières .Mais cette immobilité n'est qu'apparente : car sur ces sommets règne ordinairement un vent violent, qui condense les vapeurs à mesure qu'elles s'élèvent, et quand elles s'en éloignent elles se dissipent.

Des voyageurs qui traversaient le Saint-Gothard

ont vu bien des fois des nuages sombres se précipi-
piter en masse dans la gorge profonde du Val Tre-
mola; ils pouvaient croire que toute la Lombardie
allait être ensevelie sous un voile épais; mais à la
sortie de la vallée le brouillard était ausitôt dissous
par les courants chauds ascendants.

Mais comment un nuage qui verse souvent des
millions de litres d'eau peut-il flotter dans l'atmosphère, car enfin l'eau est plus pesante que l'air?
On a fait à ce sujet bien des hypothèses que je ne
citerai point; mais elles sont toutes fondées sur des
principes faux ou difficiles à démontrer. Voici comment on peut expliquer ce phénomène qui, au premier abord, a quelque chose de merveilleux.

Les vésicules d'eau tombent en effet comme tous
les autres corps, quoique avec une bien faible vitesse; mais il ne faut pas croire qu'un nuage soit
une masse invariable; il subit au contraire uné
transformation continuelle. Quand les vésicules en
tombant arrivent dans un air sec, elles se dissolvent, tandis que du côté du vent la vapeur se précipite sans cesse à l'état vésiculaire. Ainsi un nuage
immobile en apparence s'abaisse souvent lentement,
et sa partie inférieure se dissout continuellement,
pendant que la partie supérieure s'accroît sans cesse
par l'addition de nouvelles vésicules.

D'ailleurs il existe une force directement opposée à la chute des nuages : c'est celle des courants
ascendants. C'est pour cette raison que les nuages
sont en général plus élevés à midi que dans la ma-
tinée. Vers le soir, ces courants devenant plus faibles, les nuages descendent réellement et se dissol-

vent en partie en atteignant les couches plus chaudes de l'atmosphère.

Le vent n'emporte-t-il pas aussi à des hauteurs
prodigieuses et à des distances considérables des
corps plus lourds que les vésicules d'eau, tels que de
la poussière et des grains de sable? A plusieurs
lieues de la côte d'Afrique, les navires sont souvent couverts du sable venant des plaines du Sahara.

Quant à la forme et à la disposition des nuages,
les météorologistes se sont efforcé de les ramener à
trois types principaux, les *cirrus* les *cumulus* et les
stratus.

Le *cirrus*, ou la *queue de chat* des marins, se compose de filaments déliés dont l'ensemble imite tantôt le pinceau, tantôt des cheveux crépus, tantôt un
réseau délié.

Le *cumulus*, ou *nuage d'été*, connu par les marins
sous le nom de *balle de coton*, se montre souvent
sous la forme d'une moitié de sphère, reposant sur
un plan horizontal. Quelquefois ces demi-sphères
s'entassent les unes sur les autres et forment ces
masses qui de loin ressemblent à des montagnes
couvertes de neige.

Le *stratus* est une bande horizontale qui se forme au coucher du soleil et disparaît à son lever.

Quand les *cumulus* s'entassent, ils passent à l'é-
tat de *nimbus* ou de *nuage pluvieux*, qui se distingue par sa teinte d'un gris uniforme et ses bords
frangés.

Ce sont les formes si variées des *cumulus* qui ont
inspiré si souvent l'imagination des poètes du Nord.
Qui n'a cru en effet reconnaître dans leurs con-

tours changeants des hommes, des animaux, des
forêts et des montagnes? Ossian leur a emprunté
ses belles images, et les traditions populaires des
pays de montagnes sont pleines d'événements étranges où les nuages jouent un grand rôle.

Demain nous continuerons le même sujet.

VII

SUITE DES NUAGES. — DE LA PLUIE. — PLUIE DES
TROPIQUES. — SAISON SÈCHE ET SAISON
HUMIDE.

Les *cirrus* sont les nuages les plus élevés. On a
évalué la hauteur de quelques-uns à 650 mètres.
C'est au milieu d'eux que se forment les halos et les
parhélies, dont je vous entretiendrai plus tard, ce
qui fait supposer que ces nuages se composent
de petits flocons de neige. Cela vous paraîtra sans
doute étonnant, surtout en été, lorsque la chaleur
atteint souvent 25 degrés et plus ; mais il faut vous
rappeler ce que je vous ai dit du décroissement de
la température avec la hauteur. Quand, par une de
ces chaudes journées, il pleut dans les vallées des
Alpes, sur les sommets de ces montagnes, au lieu
de pluie, il tombe de la neige.

L'apparition des cirrus précède souvent un changement de temps. En été ils annoncent de la pluie en hiver, de la gelée ou du dégel. Ces nuages sont, en général, amenés par les vents du midi ; aussi les désigne-t-on en Suisse sous le nom de *nuages de sud-ouest*.

Les *cumulus* doivent leur origine aux courants ascendants. C'est dans les beaux jours d'été qu'il sont les mieux caractérisés. Lorsque le soleil se lève sur un ciel serein, on voit paraître quelques petits nuages qui semblent croître de dedans en dehors, grossissent et forment bientôt des masses énormes, mais bien circonscrites. Leur nombre et leur volume augmentent jusqu'à la plus grande chaleur du jour, après quoi ils diminuent, et au coucher du soleil le ciel a repris sa sérénité. L'observateur situé sur les montagnes élevées voit ces nuages naître sous ses pieds, monter au-dessus de sa tête, et redescendre le soir dans la plaine.

C'est à l'attraction mutuelle de leurs parties et à la résistance de l'air que les *cumulus* doivent leur forme arrondie. La même chose se passe dans une goute d'encre ou de lait que l'on laisse tomber dans un verre d'eau, et dans les tourbillons de fumée qui s'échappent avec force d'une cheminée.

Souvent les *cumulus* ne disparaissent pas vers le soir, mais deviennent, au contraire, plus nombreux. On doit s'attendre alors à des pluies ou à des orages.

Tandis que les véritables *cumulus* se forment le jour et disparaissent la nuit, une autre variété de ces nuages se montre dans des circonstances très différentes. Souvent, dans l'après-midi, on voit pa-

4

raître des masses étendues ou arrondies, mais à bords mal circonscrits, dont le nombre augmente vers le soir jusqu'à ce que le ciel soit entièrement couvert. Mais quelques heures après le lever du soleil tout a disparu. Pendant l'hiver, ce genre de nuages s'étend quelquefois sur tout le firmament, et persiste pendant des semaines entières.

L'influence du soleil sur la formation des nuages n'est pas toujours la même ; les effets qu'il produit sont quelquefois très opposés, et les naturalistes ne sont pas encore parvenus à rendre compte de cette différence. Pour l'expliquer, il faudrait connaître l'état de l'atmosphère à deux ou trois mille mètres au-dessus de nous, aussi bien que nous connaissons celui de la couche dans laquelle nous vivons.

Passons maintenant à la formation de la pluie.

Quand par suite de la diminution de température, les vésicules d'eau qui forment les nuages augmentent de volume, la rapidité de leur chute augmente; plusieurs d'entre elles se réunissent et forment des gouttes qui tombent sur la terre. C'est ce que nous appelons la *pluie*.

Si ces gouttes traversent des couches d'air très sèches, leur surface se vaporise sans cesse ; elles deviennent de plus en plus petites, et il tombe ainsi moins de pluie sur le sol qu'à une certaine hauteur. Il peut même arriver que ces gouttes n'arrivent pas sur terre, mais se dissolvent entièrement dans leur chute. Ce phénomène se remarque particulièrement au printemps, quand le temps est variable. On voit la pluie tomber en abondance d'un nuage situé à l'horizon, sous la forme de bandes ou de traînées de couleur grise et plus ou moins inclinées ; mais ces bandes sont interrompues à une certaine hauteur.

D'autres fois, au contraire, la goutte de pluie s'accroît pendant sa chute ; cela a lieu quand sa température étant au-dessous de celle de l'air qu'elle traverse, elle condense à sa surface une nouvelle quantité de vapeur, comme la carafe pleine d'eau fraîche dont je vous ai parlé précédemment. Alors nécessairement la pluie qui mouillera le sol sera plus abondante que celle qui s'arrêtera à une certaine hauteur. Une différence de niveau de trente mètres suffit pour rendre cette augmentation sensible.

Pour déterminer la quantité de pluie qui tombe dans un endroit donné, on se sert d'instruments appelés *pluviomètres*. Ce sont des vases placés dans un lieu découvert, de manière à recevoir directement la pluie et la neige que nous envoient les nuages. Après chaque pluie, on mesure la quantité d'eau tombée, et s'il a neigé, on fait fondre préalablement la neige.

A l'Observatoire de Paris, il y a deux pluviomètres : l'un est placé dans la cour, l'autre sur la terrasse, à 27 mètres au-dessus du premier. Dans l'espace de dix ans, c'est-à-dire de 1817 à 1827, il est tombé en moyenne, par an, 57 centimètres de pluie dans la cour, et seulement 50 centimètres sur la terrasse. Cela veut dire que si l'eau qui tombe dans la plaine de Paris ne s'évaporait et ne s'écoulait pas, elle s'élèverait, dans l'espace d'un an, à une hauteur de 50 à 57 centimètres. La différence entre les deux réservoirs tient à deux causes : d'abord à l'augmentation de volume que subissent les gouttes d'eau en traversant une plus grande étendue d'air plein de vapeur, et ensuite à l'obliquité de la chute des gouttes, qui est plus grande sur la terrasse que dans la cour.

Il arrive quelquefois que, quand la température est basse, les gouttes de pluie se gèlent avant d'atteindre le sol ; parfois aussi elles ne se changent en glace qu'à la fin de leur chute : c'est de là que naît le *verglas*. L'un et l'autre de ces phénomènes coïncident ordinairement avec une forte baisse barométrique et annoncent le dégel.

Tandis que certaines pluies se réduisent à quelques gouttes, d'autres tombent par torrents. Mais c'est surtout entre les tropiques que l'on observe ces pluies diluviennes. A Bombay, en un seul jour, on a vu l'eau s'élever dans le pluviomètre à la hauteur de 108 millimètres, et à Cayenne, en 10 heures, à 277 millimètres.

Les pluies sont moins fortes dans les latitudes plus élevées ; cependant le 4 juin 1839, on recueillit à Bruxelles près de 113 millimètres d'eau en 24 heures ; et à Cuiseaux, dans le bassin du Rhône, lors des terribles inondations de 1840, il en tomba 270 millimètres en 68 heures. Dans les pays de montagnes ces averses sont moins rares, parce que les vents soufflent souvent avec violence de plusieurs directions opposées. Mais revenons aux tropiques, où les grandes pluies offrent une régularité que nous ne connaissons pas dans nos climats.

Sur mer, partout où l'alizé souffle d'une manière constante, le ciel est serein et il ne pleut point ;

mais dans la région des calmes, qui avoisine l'équateur, il pleut très souvent. Le soleil se lève presque toujours sur un ciel serein ; vers midi on voit paraître des nuages isolés qui versent des quantités l'eau prodigieuses accompagnées de violents coups de vents. Vers le soir, les nuages se dissipent, et la voûte du ciel est de nouveau parfaitement pure.

Sur la terre, on trouve entre les tropiques, pendant une partie de l'année, des perturbations dans la direction des alizés, et l'année se partage en deux saisons, la saison humide et la saison sèche. Cette division avait déjà été adoptée par les populations indigènes, et elle est d'autant plus exacte que, pendant la saison sèche, il se passe souvent des mois entiers sans qu'on voie un seul nuage. Voici quelle est la marche de ces deux saisons :

Dans la partie de l'Amérique méridionale située au nord de l'équateur, le ciel est sans nuages depuis décembre jusqu'en février, l'air est sec, et les végétaux sont dépourvus de feuilles. Vers la fin de février, le ciel perd son éclat par suite de l'humidité qui se répand dans l'air, et la végétation commence. L'alizé, ou le vent d'est, souffle avec moins de force, et de temps en temps l'air est tout-à-fait calme. Peu à peu l'on voit des nuages s'amasser comme des montagnes, et, vers la fin de mars, ces nuages sont sillonnés par des éclairs, tandis que le vent tourne pendant plusieurs heures vers l'ouest. Dans les derniers jours d'avril, le ciel prend une teinte grise ; c'est le commencement de la saison pluvieuse. La pluie, accompagnée ordinairement d'orage, commence à tomber, mais seulement pendant les grandes chaleurs du jour; à mesure que la saison s'avance, les nuages se montrent et la pluie tombe dès le matin. La nuit arrive, et le ciel recouvre sa sérénité. Cependant il est des contrées où la pluie continue après le coucher du soleil.

L'évaporation de l'eau tombée de la veille est si abondante que, même en Afrique, les vêtements, les souliers, tous les objets, en un mot, qui ne sont pas placés près du feu, deviennent humides; de sorte que les habitants se trouvent dans une espèce de bain de vapeur perpétuel. Cette époque est aussi celle des maladies endémiques si fatales aux Européens.

La durée de la saison pluvieuse n'est pas la même dans tous les lieux situés sous la même latitude. Dans les pays qu'arrose le Sénégal, elle dure depuis le commencement de juin jusqu'aux premiers jours de novembre. En Californie, il pleut rarement avant le mois de juin, tandis qu'à Panama les pluies commencent avec le mois de mars.

Dans les contrées situées près de l'équateur, où le soleil passe au zénith à des intervalles plus longs, on a deux saisons pluvieuses et deux saisons sèches. Quant à la limite de ces pluies périodiques, on n'a pas encore pu l'assigner exactement.

Dans la presqu'île de l'Inde, la côte occidentale, autrement dit la côte de Malabar, a sa saison des pluies pendant la mousson du sud-ouest et sa saison sèche pendant la mousson du nord-est. Quand le vent du sud-ouest remonte le long des Gates, dont la chaîne s'étend du nord au midi, les vapeurs se condensent sur les sommets de ces montagnes, et presque tous les jours il y a de violents orages, particulièrement dans le mois de juillet.

Pendant que les pluies inondent ces contrées, la côte orientale ou de Coromandel jouit d'un ciel calme et serein ; mais elle le perd aussitôt que la mousson du nord-ouest commence à souffler, pour être inondée à son tour, quoique pourtant les pluies y soient moins fortes que sur la côte opposée.

La quantité d'eau qui tombe ainsi successivement sur les deux côtes de la presqu'île est bien plus considérable que celle qui tombe chez nous. Quoiqu'il ne pleuve que pendant quelques mois, et seulement une ou deux heures par jour, on recueille annuellement, près de la mer, de 190 à 320 centimètres d'eau dans l'espace d'un an. Les gouttes de pluie sont énormes, et arrivent à terre tellement serrées qu'elles ne forment pour ainsi dire qu'une seule masse.

La périodicité des pluies disparaît à mesure qu'on s'éloigne de l'équateur ; et tandis qu'entre les tropiques la grande quantité de pluie tombe pendant que le soleil est au zénith, c'est-à-dire dans une saison qui correspond à notre été, c'est le contraire au-delà des tropiques, où il pleut plus abondamment en hiver qu'en été.

En Europe, on trouve que la quantité de pluie est d'autant moindre qu'on s'éloigne davantage des bords de la mer. Ainsi, sur la côte occidentale de l'Angleterre, il tombe 95 centimètres de pluie par an ; dans l'intérieur et sur la côte occidentale de l'île, 65 ; sur les côtes de France, 68 ; dans l'intérieur, 65 ; en Allemagne, 54 ; à Saint-Pétersbourg, de 43 à 46.

Les jours de pluie suivent la même loi. En Syrie, comme dans le nord de l'Afrique, il pleut rarement en été, fréquemment en hiver. De là le ciel toujours serein dans la belle saison, dont les voyageurs ne parlent qu'avec enthousiasme.

Vous avez sans doute déjà entendu parler des pluies de soufre, de sang et d'animaux qu'on dit avoir vu tomber dans certains pays. Des recherches exactes ont prouvé que cette apparence extraordinaire de soufre et de sang n'était due qu'à la présence du pollen de certaines fleurs, et des pins en particulier, que les vents avaient balayés et que la pluie avait précipités, ou à celle d'animaux microscopiques qui remplissent quelquefois les eaux.

Quant aux grenouilles et aux autres animaux de même espèce que l'on a trouvés dans les champs après la pluie, ces animaux n'étaient pas tombés du ciel ; mais l'humidité les avait fait sortir de terre, comme nous voyons sortir les limaçons.

VIII

DE LA NEIGE. — FORME DES FLOCONS. — NEIGES
ÉTERNELLES. — GLACIERS.

Quand la température est voisine ou au-dessous
de zéro, au lieu de pluie, il tombe en général de la
neige. Nais comme la quantité de vapeur d'eau dans
l'atmosphère diminue avec la température, on ne
voit pas des neiges continues comme les pluies.

Le plus souvent, les flocons de neige présentent
une forme inégale et confuse; il n'en est pas de
même quand ils sont petits et que l'air est calme.
Alors si on les reçoit sur des objets de couleur sombre, comme le feutre et le drap, pourvu que la température de ces objets soit au-dessous de zéro, on
reconnaît dans leur forme une singulière régularité.

Les molécules de presque tous les corps qui passent de l'état liquide à l'état solide ont la propriété,

en se groupant, de former des corps solides terminés par plusieurs surfaces planes, inclinées les unes sur les autres d'une quantité constante. Le nombre et l'inclinaison de ces faces sont différents dans les différents corps, mais ils sont constamment les mêmes pour le même corps. Des solides réguliers se nomment des *cristaux*. Ce que l'on appelle communément cristal n'est qu'une espèce particulière, le *cristal de roche*.

Quelques-uns de ces cristaux se forment d'eux-mêmes dans la nature, d'autres peuvent être obtenus artificiellement. Si l'on fait dissoudre du sel dans l'eau et qu'on mette ensuite cette eau dans un endroit chaud, on aperçoit bientôt au fond du vase de petites masses de forme cubique qui augmentent insensiblement jusqu'à une certaine limite. Si, avant que l'eau soit entièrement évaporée, vous prenez un de ces cristaux, et qu'après en avoir brisé une arête vous le remettiez dans la solution, vous verrez cette arête se reproduire comme elle était auparavant.

On observe le même phénomène dans la fusion de certains corps. Faites fondre du soufre dans un pot de terre, puis versez-le dans un vase de bois, la masse se couvrira bientôt d'une croûte solide. Brisez cette croûte et faites écouler le soufre encore liquide, et vous trouverez le vase tapissé de jolis petits cristaux jaunes. Si l'on attendait que la masse entière se fût solidifiée, on obtiendrait, non pas des cristaux, mais un corps à texture cristalline, comme sont les bâtons de soufre connus dans le commerce.

L'eau, en se congelant, cristallise comme le soufre. Dans la glace des fleuves, nous ne découvrons point de forme régulière : c'est une masse confuse semblable à celle du soufre en bâton. Mais, si l'on suit les progrès de la congélation, on voit des aiguilles partir du rivage ou de la glace déjà formée, et s'avancer sur la surface de l'eau. De ces aiguilles en partent d'autres, et ainsi de suite jusqu'à ce que toute la surface soit prise. Si l'on soulève un glaçon ainsi formé, on découvre souvent au-dessous des cristaux très réguliers.

La même chose s'observe en hiver sur les carreaux de nos fenêtres. On voit d'abord un cristal principal ayant une direction quelconque, et ensuite d'autres cristaux secondaires qui font avec le premier un angle constant. Si la couche de glace est très mince, comme cela arrive dans les appartements peu humides, on y aperçoit des figures surprenantes par leur régularité. L'air de la chambre est-il au contraire humide, alors chaque grain de poussière devient le centre d'une formation cristalline, et bientôt la vitre est chargée de magnifiques arabesques.

Mais les cristaux de glace ne sont jamais si réguliers que dans la gelée blanche ou dans la neige, pourvu que le temps soit calme et sec. Malgré la grande variété de ces cristaux, on peut dire qu'ils affectent tous la forme hexagonale. Tantôt ce sont de petites lancettes d'une ténuité extrême, tantôt des noyaux sphériques hérissés de pointes. Quelquefois aussi ce sont des aiguilles fines à trois ou six pans. Chez nous, ces flocons ont ordinairement la

forme d'une étoile à six branches. Mais quelque
étonnantes que nous paraissent ces étoiles étant
considérées à l'œil nu, elles le deviennent encore
davantage quand on les examine avec le microscope.
On dirait un assemblage de brillants disposés par
la main d'un habile ouvrier. Cet habile ouvrier
existe en effet, mes enfants : c'est Dieu ; c'est lui
qui a créé tant de formes diverses dans des corps
d'un si petit volume. Ne cessez donc de l'adorer.

L'hiver prochain, je vous réunirai de nouveau,
et je vous ferai voir ces petites merveilles auxquelles le commun des hommes ne fait point d'attention. Pour eux, il suffit qu'il neige ; peu leur
importe la forme des flocons. Qu'on leur demande
pourquoi la glace et la neige étant de la même substance, l'une est grise, l'autre blanche, ils ne sau-
ront répondre. Eh bien ! vous direz que la blancheur de la neige est due à la réfraction de l'air
disséminé entre ses molécules, tandis que la glace
n'étant qu'une masse compacte, elle doit nous paraître de la même couleur que l'eau. La même différence se remarque entre le sucre ordinaire et le
sucre candi.

Quand l'air est chargé d'humidité, les cristaux de
neige sont inégaux et opaques, comme si la précipitation des molécules d'eau à leur surface avait été
trop rapide pour qu'elles eussent le temps de se dis-
poser selon les lois de la nature. S'il fait du vent,
les cristaux sont brisés et irréguliers ; on trouve
alors des grains arrondis comme des grains de mil-
let et semblables à ceux du grésil, dont je vous par-
lerai quand nous en serons à la grêle.

Si les corps en général diminuent de volume à mesure que leur température baisse, on n'en peut pas dire autant de l'eau. Elle ne diminue de volume que jusqu'à 4° environ au-dessus de zéro ; après quoi elle augmente, jusqu'à ce qu'elle se convertisse en glace. Voilà pourquoi la glace est plus légère que l'eau, et que nous la voyons flotter sur les rivières. Dans les régions polaires, ces glaçons sont comme des montagnes qui souvent causent de grandes avaries aux vaisseaux.

Disons maintenant quelques mots des neiges que l'on rencontre à toute époque de l'année sur les hautes montagnes, telles que les Alpes, et que l'on appelle avec raison *neiges éternelles*.

La limite au-dessus de laquelle la neige ne fond plus est assez bien déterminée dans chaque montagne ; elle se nomme la *limite des neiges éternelles*. Sur le littoral de la Norwége, elle est à 720 mètres au-dessus du niveau de la mer ; dans l'Oural, à 1,460 ; dans les Alpes, à 2,708 ; dans les Pyrénées, à 2,728. L'Himalaya, la plus haute chaîne de montagnes du globe, a sa limite des neiges à 5,067 mètres sur le versant septentrional, et à 3,956 sur le versant méridional. Dans les Andes, la même limite atteint la hauteur de 4,818, et dans les Cordilières, celle de 5,250.

Ainsi donc, en général, la ligne des neiges éternelles va en s'abaissant de l'équateur vers les pôles. Cependant il y a des exceptions provenant en grande partie de la direction des chaînes. Il paraît étonnant d'abord que la limite des neiges soit plus élevée sur le versant septentrional de l'Himalaya que sur le versant méridional. Cela vient de ce qu'au nord de cette chaîne règne un vaste plateau couvert de terre très chaud, tandis qu'au sud soufflent des vents frais, presque continus. Ces vents amènent des vapeurs qui engendrent d'épais brouillards et s'opposent ainsi à l'action du soleil, tandis que du côté opposé le ciel est toujours serein.

Mais revenons aux Alpes. Si d'un point élevé, tel que le Rigi, on contemple cette masse imposante de montagnes, on distingue très bien dans le bas la région des cultures, au-dessus celle des forêts, plus haut celle des prairies, et enfin la région des neiges. La limite inférieure de cette région est une ligne sensiblement horizontale, et ce n'est que sur certains points qu'on voit des traînées blanches descendre jusque dans la plaine. Ce sont ce qu'on appelle les *glaciers*.

La glace qui forme les glaciers ne consiste pas en masses continues et transparentes comme celle des étangs et des rivières, mais en fragments séparés les uns des autres par de très petits intervalles. Aussi n'est-elle pas glissante, et l'on peut y marcher de pied ferme. Dans le bas, ces fragments ont à peu de chose près la grosseur d'une noix ; mais ils deviennent de plus en plus petits à mesure qu'on s'élève, et à la hauteur de 2,700 mètres ils ne sont pas plus gros qu'un pois. La surface du glacier se compose de grains arrondis dans lesquels on enfonce comme dans du sable. On désigne ces grains sous le nom de *névé;* plus haut l'on retrouve la neige, dont le névé n'est qu'une transformation

Pour comprendre cette transformation, représentez-vous deux montagnes séparées, par une vallée profonde. Pendant l'hiver, des masses considérables de neiges y sont accumulées par les vents ou précipitées sous la forme d'avalanches. Au printemps, la chaleur du jour devient assez forte pour fondre la neige; mais la nuit suivante il gèle, ce qui arrive habituellement dans ces hautes régions. L'eau provenant de la fusion précédente se combine avec les flocons de neige non encore fondus, et ceux-ci se changent en granules de glaces transparents. Mais les bulles d'air empêchent le glacier de devenir une masse compacte.

Le jour suivant, le soleil agit de nouveau, les plus petits grains se fondent en eau et se réunissent aux plus gros, qui s'accroissent ainsi successivement, quoiqu'ils restent toujours séparés par de l'air et de l'eau encore liquide. C'est par suite de ces dégels et de ces congélations successives que l'extrémité inférieure du glacier offre des fragments très volumineux, si on les compare aux granules du névé.

Un glacier n'est point une masse immobile; il glisse sans cesse vers la plaine. Par suite de la fonte des neiges, l'eau s'infiltre sous la masse et la détache du sol. Elle obéit alors, comme tous les corps, à l'action de la pesanteur, et descend d'autant plus bas que la pente est plus rapide et que la montagne d'où elle vient est plus élevée. Mais tandis qu'elle fond à l'extrémité inférieure, il s'amasse de nouvelle neige à la partie supérieure qui répare les pertes qu'elle éprouve par la fusion. Ainsi les glaciers se renouvellent absolument comme les nuages.

On compte dans les Alpes près de quatre cents

glaciers depuis le Mont-Blanc jusqu'aux frontières du Tyrol. Les moindres ont une lieue de longueur, tandis qu'il en est beaucoup qui s'étendent à six ou sept lieues, et qui ont trois quarts de lieue de large.

Rien ne frappe autant l'étranger que ces masses de glace au milieu des forêts, des prés et même des champs cultivés. De loin leur aspect est bleuâtre et forme un singulier contraste, d'un côté avec la sombre verdure des bois, de l'autre avec la blancheur éclatante de la neige, qui elle-même tranche vivement sur la teinte azurée du firmament. Le tableau que forment ces montagnes, les unes noires et coupées à pic, les autres inclinées et blanchies par la neige, a quelque chose d'imposant pour l'homme sensible aux beautés de la nature.

IX

DES PHÉNOMÈNES ÉLECTRIQUES DE L'ATMOSPHÈRE.
FORME ET INTENSITÉ DE L'ÉCLAIR. — ROULEMENT
DU TONNERRE. — EFFETS DE LA FOUDRE.

Nous avons examiné jusqu'ici les météores dont
le principal agent est la chaleur; nous allons maintenant considérer ceux qui sont dus à l'électricité.

L'Ecriture sainte appelle le tonnerre la voix du
Seigneur irrité. Il est vrai qu'il est peu d'hommes
qui ne soient frappés de la grandeur de ce phénomène, et nous ne devrons pas être étonnés que tous
les peuples païens, à partir des Grecs et des Romains,
l'aient pris pour un signe de la colère céleste, tant il
leur paraissait extraordinaire. Il n'y a pas même
bien longtemps qu'on est parvenu à l'expliquer,
puisqu'au commencement du xvııe siècle on compa-
rait encore le tonnerre à l'explosion d'une pièce

d'artillerie, et l'on prétendait que le salpêtre et le soufre existaient dans l'atmosphère. Voyons donc quelles sont les causes de ce singulier météore.

Si l'on frotte de la cire à cacheter ou du verre avec du drap, on remarque que ces corps attirent d'autres corps légers, tels que des plumes, des brins de paille, etc. Que l'on prenne une petite balle de sureau suspendue à un fil de soie, et qu'on l'approche du bâton de cire ou du verre, elle s'y portera vivement, et après l'avoir touché elle s'en éloignera comme si elle éprouvait une espèce de répulsion.

Prenons maintenant deux balles, et faisons-les toucher soit à la cire soit au verre, nous les verrons se fuir quand nous chercherons à les rapprocher. Mais si nous faisons toucher l'une au verre, l'autre à la cire, elles se rapprocheront d'elles-mêmes, et reprendront, après le contact, leur première immobilité.

Ce phénomène est attribué à un certain fluide invisible dégagé par le frottement, et que l'on appelle *fluide électrique*. Mais comme les petites balles de sureau se comportent tout différemment, selon que le corps frotté avec lequel nous les mettons en communication est de la cire ou du verre, on admet deux fluides, autrement dit deux *électricités* différentes : l'une qui se développe sur le verre et que l'on appelle *vitrée*, l'autre qui se développe sur la résine, comme l'est la cire, et qui a reçu le nom de *résineuse*.

Ces deux fluides existent simultanément dans tous les corps de la nature, et forment ainsi ce que l'on appelle le fluide *naturel*. Le frottement les sé-pare, et de là les phénomènes électriques.

Toutes les fois que deux corps sont chargés du même fluide ils se repoussent ; le contraire a lieu lorsque les fluides sont différents. Bien plus, quand on approche un corps chargé d'une espèce d'élec-tricité, par exemple d'électricité vitrée, à une cer-taine distance d'un autre corps à l'état naturel, la séparation des deux fluides existant dans ce dernier s'opère aussitôt, le fluide résineux s'accumule sur la partie qui fait face au premier, et le fluide vitré se porte du côté opposé. Si l'on continue d'approcher ces deux corps, on verra un jet de lumière suivi d'une légère crépitation se porter de l'un à l'autre. C'est ce qu'on appelle *l'étincelle électrique*. Le phé-nomène sera plus sensible si, au lieu d'être à l'état naturel, le second corps est chargé d'électricité ré-sineuse.

La même chose se passe dans l'atmosphère. Sup-posez deux nuages chargés d'électricité contraires : l'air intermédiaire pourra empêcher quelque temps que ces deux fluides se réunissent; mais s'ils conti-nuent de s'accumuler dans l'un et dans l'autre nua-ge, ou que la distance qui les sépare diminue, ils vaincront alors la résistance de l'air, et leur réunion donnera lieu à une énorme étincelle électrique, qui est l'*éclair*.

Considérons ainsi l'effet d'un nuage électrisé sur le sol. Ce nuage décomposera le fluide naturel du sol, repoussera l'électricité du même nom, et atti-rera vers lui l'électricité du nom contraire. Alors il pourra arriver que les deux fluides vitré et résineux, l'un résidant dans le nuage ou sur la terre, l'autre sur la terre ou dans le nuage, se réunissent pareillement, et l'éclair se changera en *foudre*. De sorte qu'on peut dire que l'éclair est le résultat de la réunion des deux fluides entre les nuages, et la foudre celui de la réunion des mêmes fluides entre les nuages et le sol.

Mais quelle est la cause capable de décomposer le fluide dans ces masses de nuages qui couvrent souvent une grande étendue du ciel? Est-ce le frottement? On ne saurait le soutenir. Est-ce l'évaporation à laquelle ces nuages doivent leur origine? La science n'a pas encore de données suffisantes pour établir une hypothèse à l'abri de toute contestation. Bornons-nous donc au fait, et contentons-nous d'en examiner la marche et les conséquences.

La lumière qui s'échappe des nuages sous la forme d'éclairs est tantôt blanche et serrée, tantôt violette et diffuse, selon que les nuages sont rapprochés du sol ou à une grande hauteur dans l'atmosphère. Cette différence tient au plus ou moins de densité dans les couches d'air. Dans le vide, comme je vous le montrerai un jour, le fluide s'épanche en une belle nappe de couleur violette, que l'on peut transformer en de magnifiques cascades.

L'éclair, ainsi que les étincelles de nos machines électriques, ne suit pas toujours une ligne droite, mais se meut en zig-zag, ou même se divise en deux ou plusieurs branches. C'est ainsi qu'un jour la foudre pénétra dans un collége d'Oxford par quatre points différents et assez éloignés les uns des autres.

Tantôt l'éclair nous paraît un sillon de lumière, très resserré, très mince et très arrêté sur ses bords, terminé à sa partie inférieure comme un dard ; tantôt il prend la forme d'un globe de feu qui se meut alors assez lentement pour qu'on puisse apprécier sa vitesse. On a vu aussi des éclairs rebrousser chemin vers le lieu d'où ils étaient partis ; et ce phénomène se remarque surtout dans les nuées volcaniques.

Quand l'éclair suit une direction qui approche plus ou moins de la ligne verticale, il joint deux nuages à inégales hauteurs, ou il va des nuages à la terre ; mais on peut distinguer facilement ces deux espèces d'éclairs : on remarque dans le premier un point où la lumière est plus intense, après quoi elle va en diminuant d'intensité ; le second, au contraire, présente une lumière étroite, éblouissante et bien limitée.

On admet généralement que l'éclair se meut de haut en bas ; cependant il existe de nombreux exemples où il a suivi une direction opposée. Bien des fois aussi on en a remarqué deux qui se réunissaient au milieu de l'intervalle qui les séparait.

Plus ou moins longtemps après l'éclair, on entend le tonnerre. Le bruit du tonnerre résulte du déplacement de l'air par l'étincelle, comme le bruit ou le claquement d'un fouet quand il est agité vivement. L'éclair et le bruit naissent en même temps ; mais comme la vitesse de la lumière est pour ainsi dire infiniment plus grande que celle du son, celui-ci n'arrive pas à nos oreilles en même temps que la lumière arrive à nos yeux. La vitesse du son est de

337 mètres par seconde; celle de la lumière, de plus de 70,000 lieues.

Le bruit du tonnerre n'est pas le même suivant qu'on est plus ou moins éloigné de l'éclair. Quand la foudre tombe, ceux qui se trouvent dans le voisinage entendent un bruit sec, plus ou moins fort, qui cesse à l'instant; tandis que ceux qui se trouvent placés un peu plus loin entendent une série de bruits qui se succèdent rapidement.

Quand l'explosion se fait entre les nuages, il se fait un véritable roulement qui dure plusieurs secondes. Ce roulement, d'abord faible, se renforce de temps en temps, et est entremêlé de coups plus violents, comme le bruit que produit un corps lourd qui roule sur un escalier. Ce n'est qu'au bout d'un certain temps qu'il atteint sa plus grande énergie.

Mais comment expliquer ce roulement ? Autrefois on l'attribuait à l'écho, c'est-à-dire à la répercussion du son par la terre, et cette hypothèse semblait d'autant plus exacte que le roulement est bien plus fort dans les pays de montagnes que dans les plaines. Toutefois, comme on l'entend aussi en pleine mer, on pensa que les nuages produisaient aussi un écho. En effet, on a remarqué qu'il suffit souvent de la présence de quelques nuages pour que les coups de canon tirés dans la plaine imitent le roulement du tonnerre, ce qui n'a pas lieu quand le ciel est serein.

Mais à côté de ces causes, on en a trouvé une autre dans la nature même de l'éclair. Des expériences optiques ont en effet prouvé que l'éclair se compose d'une série d'explosions dont chacune engendre son bruit. Dans un éclair qui tombe, le bruit causé par la première explosion arrive à l'oreille de l'observateur en même temps que celui de la dernière, tandis que dans un éclair horizontal, les bruits produits à une plus grande distance arrivent nécessairement plus tard que les autres. La forme en zig-zag de l'éclair n'est pas d'une moindre importance. Un physicien a vu un éclair arriver sur la terre en quatre sauts, et il a entendu quatre coups différents. Et comme c'est aux angles que l'air est le plus fortement comprimé, on comprend facilement d'où vient l'inégale intensité du son.

Quand la foudre tombe, elle suit de préférence les corps que l'on appelle *conducteurs de l'électricité*. Ce sont, en premier lieu, les métaux; après eux viennent les substances humides. Le verre et la soie, du moins quand ils sont parfaitement secs, ne sont point des corps conducteurs; aussi les emploie-t-on dans les cabinets de physique pour soutenir ou suspendre les corps que l'on veut isoler de la terre. Vous avez déjà entendu parler bien des fois des effets de la foudre. Dans les personnes foudroyées, la mort paraît causée par un ébranlement trop fort du système nerveux; car elles conservent généralement après le coup la même position qu'elles avaient auparavant. Cependant on remarque quelquefois sur elles des brûlures ou des blessures. Mais le nombre des victimes de ce terrible météore n'est pas assez grand pour justifier cette crainte outrée que nous avons de l'orage. Comme le dit M. Arago, *pour chacun des habitants de Paris, le danger d'ê-*

*tre foudroyé est moindre que celui de périr dans la
rue par la chute d'un ouvrier couvreur, d'une cheminée ou d'un vase à fleurs.*

Si la foudre rencontre sur son chemin des corps
mauvais conducteurs, elle les perce, les brise et les
disperse au loin avec une force irrésistible. Ainsi,
en 1809, elle déplaça à Manchester un mur de près
d'un mètre d'épaisseur sur trois mètres et demi de
hauteur. La partie déplacée était éloignée de sa
position primitive de plus d'un mètre d'un côté, et
de près de deux mètres de l'autre, et pourtant son
poids était de 19,240 kilogrammes.

Quand la foudre tombe sur des corps combusti-
bles, elle les enflamme, ou les carbonise à la surface, ou les réduit en éclats. Mais il faut, mes enfants, vous garder d'un préjugé assez commun dans
nos campagnes : c'est que le feu de la foudre venant
du ciel, aucun moyen humain ne peut l'éteindre.
C'est toujours le même feu que celui de nos cuisi-
nes, quoique la manière dont il a été allumé ne soit
pas la même.

Les désastres produits par la foudre sont quelquefois terribles : c'est ainsi que, en 1769, la foudre
ayant mis le feu à un magasin à poudre de Brescia,
la sixième partie de cette belle et grande ville fut
détruite, et ensevelit sous ses ruines plus de trois
mille personnes. La tour qui dominait le magasin
fut lancée toute entière dans les airs et retomba
comme une pluie de pierres.

Plusieurs fois déjà, mes enfants, je vous ai élec-
trisés avec une petite bouteille que vous connaissez
bien, et que l'on appelle la *bouteille de Leyde.* Eh

bien! vous êtes-vous jamais douté que la commotion que vous éprouviez venait de la foudre qui passait par vos bras? Sans doute cette sensation était de peu de durée; mais supposez qu'au lieu d'une petite bouteille j'en eusse pris une grosse, vous auriez senti alors une secousse plus forte, et qui aurait pu vous faire bien du mal, et même vous ôter la vie. Vous seriez morts *foudroyés*, comme nous allons foudroyer ce jeune coq que vous voyez se promener si fièrement dans la basse-cour. Allez l'attraper, et apportez-le moi dans mon cabinet de physique.

Les enfants obéirent avec plaisir, et après s'être emparés de la petite bête, ils la portèrent à M. de Beaupré, qui les attendait auprès de sa machine électrique. Le capitaine attacha les deux pattes du coq avec un fil de métal qu'il fixa à une caisse où se trouvaient une demi-douzaine de bocaux d'assez grande dimension.

Ce que vous voyez là, mes enfants, dit M. de Beaupré, est ce qu'on appelle une *batterie électrique.* C'est tout simplement la réunion de six grandes bouteilles de Leyde. Faites attention maintenant à ce qui va se passer.

Le capitaine tourna pendant quelque temps la roue de sa machine électrique; puis il approcha de la tête du coq l'extrémité d'une tige métallique qu'une chaîne mettait en communication avec la machine. Aussitôt on entendit un bruit fort et sec comme celui d'une capsule fulminante, et l'on vit un jet de lumière blanche tomber sur la crête de l'animal, qui ne fit aucun mouvement.

Vous le voyez, continua le capitaine en le montrant aux enfants, il est mort, et mort foudroyé. Vous ne remarquerez en lui aucune blessure, aucune marque extérieure du coup qu'il a reçu ; mais aussi, observez comme son cou est raide. C'est ce qui n'arrive pas quand la mort provient d'une autre cause.

Vous avez là l'image d'une personne atteinte par le feu du ciel.

M. de Beaupré fit ensuite plusieurs autres expériences qui amusèrent beaucoup les enfants ; mais, comme son but, ce jour-là, était particulièrement de les instruire, il insista surtout sur les petites expériences dont il leur avait parlé au commencement de la leçon, afin de leur donner une idée claire des deux fluides électriques dont les effets sont si terribles quand ils se développent dans les nuages.

X

SUITE DU MÊME SUJET. — DES FULGURITES. — MOYENS DE SE PRÉSERVER DE LA FOUDRE. — DES PARATONNERRES. — DU FEU SAINT-ELME. — FORMATION DES ORAGES.

L'un des plus curieux effets de la foudre est le *tube fulminaire* ou *fulgurite*. Il est produit par le fluide électrique, quand celui-ci, traversant le sable, le fond en partie et en fait du verre.

Ces tubes, de longueur et de diamètre très différents, se terminent en pointe, et sont ordinairement sinueux et plus ou moins ramifiés comme l'éclair. Vitrifiés en dedans, ils sont couverts en dehors de grains de sable agglutinés dont les parties fondues sont d'une couleur gris-rougeâtre ou même verdâtre. Leur longueur dépasse quelquefois six mètres. Quelques physiciens ont obtenu des tubes fulminaires artificiels en faisant passer de fortes étincelles électriques dans du sable mêlé de sel, afin d'en augmenter la fusibilité. On trouve aussi parfois sur les rochers des traces de vitrification provenant du passage de la foudre.

Vous avez sans doute déjà remarqué, après les orages, une odeur particulière que l'on compare généralement à celle du soufre. Cette odeur est encore plus forte près de l'endroit où l'orage a frappé. Quant à sa nature, elle n'a pu encore être exactement déterminée.

Parlons à présent des précautions à prendre pendant les orages. La foudre frappant de préférence les objets élevés, il ne faut pas imiter les imprudents qui, craignant d'être mouillés, se réfugient sous les arbres. Tous les journaux nous citent des faits qui prouvent combien ce refuge est dangereux. Cependant il ne faut pas non plus s'en éloigner trop, surtout quand on est dans une plaine découverte ou sur une hauteur ; il est plus prudent alors de s'en rapprocher à la distance de cinq à six mètres ; car, si la foudre tombe, il est plus que probable qu'elle tombera plutôt sur l'arbre que sur vous.

Les métaux que l'on porte sur soi semblent aussi augmenter le danger. On rapporte que la foudre étant tombée en Souabe au milieu de vingt détenus, choisit pour sa victime l'un d'eux qui était enchaîné par la ceinture ; mais il ne faudrait pas vous laisser effrayer par la présence de quelques boutons ou autres ornements métalliques qui se trouveraient dans vos vêtements.

Dans l'intérieur des maisons, on doit éviter le voisinage des cheminées, la suie étant un corps conducteur de l'électricité. Le mieux est de se tenir au milieu de la salle, à moins qu'on n'ait au-dessus de la tête une masse métallique telle qu'un lustre. On peut aussi choisir pour le temps de l'orage la partie de la maison opposée à celle d'où viennent les nuages.

D'après l'opinion de M. Arago, les réunions nombreuses d'hommes et d'animaux peuvent être aussi dangereuses, par suite de la vapeur qui s'en dégage; car l'air humide livre plus facilement passage à la foudre que l'air sec. C'est pour cette raison sans doute que les troupeaux de moutons sont si souvent foudroyés. D'un autre côté, il y a des personnes qui ont moins à craindre que d'autres, parce que leur corps est moins conducteur.

Il en est qui dans la *chaîne électrique* que je vous ai fait former hier, non-seulement ne ressentent pas la secousse, mais interrompent encore la communication.

Les courants d'air, dans l'intérieur des maisons, offrent aussi des dangers, à cause de l'humidité qu'ils portent avec eux. Aussi le plus sûr est de fermer les croisées.

Sur la plaine, il faut, comme je l'ai déjà dit, éviter les lieux élevés; et cette précaution doit être prise lors même que l'orage est encore éloigné, quand vous avez des nuages au-dessus de votre tête. On a vu en effet des hommes et des animaux tomber morts au moment où la foudre éclatait à une grande distance du lieu où ils se trouvaient. Pour expliquer ce singulier phénomène, supposons un nuage fortement électrisé et dont les deux extrémités s'inclinent vers la terre. Elles y refouleront

l'électricité de même nature que celle dont elles
sont chargées, et attireront l'électricité contraire.
Supposons maintenant que la décharge s'opère à
l'une des extrémités, l'équilibre se rétablira aussitôt dans l'autre, et par suite dans la partie du sol
qui se trouve au-dessous d'elle. Ce retour à l'état
d'équilibre, en ramenant dans le corps de l'homme
celui des fluides qui l'avait quitté, pourra être assez
fort pour lui causer la mort. C'est ce qu'on appelle
le *choc en retour*.

Passons actuellement aux moyens de préserver
les édifices : le seul que l'on connaisse est le *paratonnerre*, dont l'invention est due à Franklin. Le
paratonnerre consiste en une barre de fer terminée
en pointe et dressée au sommet de l'édifice. Une
autre barre ou une autre corde de fil de fer le met
en communication avec un sol humide, un puits ou
un ruisseau. L'expérience a prouvé que le fluide
électrique, en tombant, suit cette route, et va ensuite s'écouler ou se perdre dans le sol.

On dore l'extrémité de la pointe pour l'empêcher
de rouiller ; mais il n'est pas nécessaire, comme on
pense généralement, qu'elle soit aimantée. Les propriétés magnétiques que l'on remarque dans ces
barres sont un résultat de l'action du magnétisme
terrestre, et sont communes à toutes les masses de
fer qui ont une position fixe dans l'atmosphère. Si
l'édifice a une grande étendue, un seul paratonnerre ne suffit plus ; il faut en mettre plusieurs que
l'on réunit entre eux par des tringles de fer, ainsi
qu'à toutes les parties métalliques du toit, telles
que les gouttières, les tuyaux de cheminée, etc.

Mais il ne faut pas croire que l'action du paratonnerre se réduise à recevoir le coup dans les dé-
charges ; par sa pointe, il soutire insensiblement le
fluide électrique des nuages et le conduit silencieusement dans les entrailles de la terre. C'est ce que
prouve l'aigrette lumineuse que l'on aperçoit quelquefois à la pointe, au passage de l'orage.

Il paraît étonnant d'abord que l'on puisse ainsi
enlever l'électricité à l'atmosphère ; mais je vais
vous citer une expérience bien curieuse qui ne
vous laissera aucun doute, et dont la première idée
est due aussi à Franklin. M. de Romas lança un
jour dans l'air un cerf-volant dont la corde était
entourée d'un fil métallique et terminée par une
autre corde en soie, laquelle était fixée au sol. Un
orage très faible vint à passer. Aussitôt on vit sortir
de l'extrémité inférieure du fil métallique, non pas
de simples étincelles comme celles que je vous ai
montrées hier, mais des lames de feu longues de
trois mètres et plus grosses que le pouce, accompagnées en outre d'un bruit égal à celui d'un coup
de pistolet. En moins d'une heure, M. de Romas
en tira trente, sans compter un millier d'autres
plus petites, et il remarqua que pendant tout ce
temps les éclairs et le tonnerre avaient entièrement
cessé.

Il est inutile, je pense, de vous dire que cette expérience est très dangereuse ; je vous conseille donc
de ne jamais lancer vos cerfs-volants dans les temps
orageux.

Quand les nuages sont très bas, il n'y a souvent
pas d'éclairs ; l'électricité, au fur et à mesure qu'elle

se développe, s'échappe par les points saillants, tels que les paratonnerres et les flèches des églises. Ce phénomène, que l'on observe plus particulièrement en hiver, était désigné par les anciens sous le nom de *Castor et Pollux;* on l'a nommé depuis le *Feu de Saint-Elme.* Tite-Live, qui en parle, le range parmi les prodiges. On avait vu à l'extrémité des piques des soldats ou des mâts des navires, des flammes accompagnées d'un sifflement aigu et qui sautaient d'une pointe à l'autre. En 1690, un navigateur français, M. de Forbin, vit un jour le ciel se couvrir de nuages, et, peu de temps après, plus de trente *feux de Saint-Elme* parurent sur le bâtiment. L'un d'eux occupait la girouette du grand mât et avait environ 5 décimètres de long. Un matelot y étant monté, entendit un bruit semblable à celui que fait de la poudre humectée en brûlant. Quand il eut enlevé la girouette, le feu n'en resta pas moins à l'extrémité du mât. Après quelque temps il s'éteignit, ainsi que les autres, et l'orage se termina par une pluie qui dura plusieurs heures.

On peut attribuer à la même cause la phosphorescence qu'offre souvent la neige quand elle tombe chargée de l'électricité qu'elle a prise à l'atmosphère.

Il me reste à vous expliquer comment se forment les orages. Les nuages orageux sont, en général, d'abord petits, et grossissent ensuite rapidement, pendant que le ciel prend une teinte pâle. Dans d'autres cas, on voit des nuages se former sur différents points de l'horizon, et après être restés un instant isolés, se réunir en une seule masse. Cette masse offre des oppositions de lumière fort remarquables. Ici elle est d'un gris foncé ; là d'une couleur brillante passant au jaune, qui, quand le soleil est sur le point de se coucher, vous fait paraître le ciel comme à travers un verre jaune ou orangé.

On sent l'approche de l'orage au calme de l'air, à une chaleur étouffante, et à un certain malaise que ressentent particulièrement les personnes nerveuses. Ce grand calme est une des conditions nécessaires à la formation des orages ; il faut en outre un sol plus ou moins humide et une rapide condensation des vapeurs de l'atmosphère. S'il s'établit un nouveau courant d'air sec, les nuages se dissolvent et le danger disparaît.

Les nuages orageux sont plus hauts qu'on ne pense généralement, autrement ils ne pourraient pas traverser les hautes chaînes de montagnes. Les habitants de Chamouni voient souvent les orages passer par-dessus le Mont-Blanc, qui s'élève pourtant à 3,700 mètres au-dessus de la vallée.

On peut déterminer la distance d'un nuage orageux en observant que cette distance est égale à autant de fois 337 mètres qu'il s'écoule de secondes entre l'éclair et le bruit du tonnerre. Mais ce qu'il y a de plus curieux, c'est que le tonnerre, quelque fort qu'il soit, ne s'étend pas au-delà de quatre à cinq lieues, tandis que le bruit du canon se prolonge souvent au-delà de vingt lieues. Cette différence vient de ce que le son engendré dans un air très raréfié, comme il l'est dans les régions supérieures de l'atmosphère, s'affaiblit de plus en plus à mesure qu'il traverse des couches d'air plus denses.

Nous ne devons pas nous étonner de voir des éclairs sans tonnerre, comme ceux qui, le soir, sillonnent l'horizon, et que l'on appelle *éclairs de chaleur*. Comme ils sont moins vifs que ceux qui se forment sur nos têtes, ce n'est qu'après le coucher du soleil qu'on les aperçoit. Il est donc inutile de recourir à la phosphorescence de l'atmosphère pour expliquer ces sortes d'éclairs. D'ailleurs il résulte de nombreuses observations que, lorsque dans un endroit on croyait ne voir que des éclairs de chaleur, des orages très forts régnaient au même instant dans les régions mêmes d'où l'on voyait jaillir ces lueurs.

Mais revenons aux orages. Dans les pays de montagnes, les orages sont en général plus fréquents et plus violents que dans les pays plats. Souvent aussi les montagnes s'opposent comme des barrières aux nuages électriques, qui prennent ensuite une autre direction.

Les orages d'hiver sont moins forts et durent moins longtemps que les orages d'été ; ils nous sont toujours amenés par le vent du sud-ouest ; mais ils sont plus communs dans le voisinage des côtes que dans l'intérieur des terres.

Au nord des Alpes, il n'y a guère d'orages que dans la saison chaude. Pourtant en Irlande la foudre éclate souvent en hiver dans le voisinage des volcans.

Sur la côte occidentale de l'Europe, on trouve environ 20 orages par an ; à Saint-Pétersbourg et à

Moscou, 17, à Kasan, 9. En général, le nombre et sa distribution des jours orageux suivent à peu près la même loi que les jours de pluie. On les voit diminuer à mesure que l'on monte vers les pôles, où la quantité de vapeurs qui remplit l'atmosphère devient aussi plus petite. Au Groënland, il se passe souvent plusieurs années sans qu'on entende le tonnerre. Au contraire, dans l'Italie septentrionale et dans la Grèce, il y a annuellement environ 40 orages. Mais à Palerme leur nombre n'est plus que le tiers de celui de nos climats. L'air y est en effet plus pur, et le vent chaud qui vient de l'Afrique s'oppose à la précipitation des vapeurs.

XI

SUITE DU MÊME SUJET. — DES OURAGANS. — DE LA GRÊLE. — SA FORMATION ET SES EFFETS. — DES TROMBES.

Quelque violents que soient parfois les orages chez nous, ils ne sont rien si on les compare à ceux qui éclatent entre les tropiques pendant la saison humide et au changement des moussons. Le matin le ciel est serein, mais vers midi il se couvre rapidement de nuages; les éclairs se succèdent alors sans interruption, et les roulements du tonnerre qui les accompagnent sont vraiment effrayants. Dans la région des calmes, il y a un orage presque tous les jours; aussi devrait-on plutôt la nommer la région des orages éternels.

Quand ces orages sont accompagnés d'un vent violent, les habitants de l'Amérique les désignent sous le nom de *Torrados*. Aux Antilles et dans les

les mers de la Chine ils sont connus sous le nom de *typons*.

Ces ouragans, en comparaison desquels les nôtres ne sont réellement pas dignes de ce nom, ne durent ordinairement pas plus de 20 à 30 minutes ; mais ils arrivent si soudainement que les navires n'ont souvent pas le temps de se mettre à l'abri. Dans un orage qui se déchaîna, vers la fin d'octobre 1831, sur Belasore, ville de l'Inde, située près des bouches du Gange, dix mille personnes perdirent la vie. La grande route de Madras à Calcutta, qui passe sur cette ville, fut envahie par la mer, quoiqu'elle soit à une distance de 14 kilomètres de la côte, et tout ce qui s'y trouvait fut entraîné par les eaux de la mer que les vents poussaient devant eux. Ces eaux couvrirent une surface de 24 myriamètres carrés à la hauteur de 4 à 5 mètres, et s'avancèrent jusqu'aux portes de la ville. Après la tempête, on trouva sur la route quantité de débris de navires naufragés.

Un ouragan non moins violent ravagea la Guadeloupe, en 1825 ; des bâtiments solidement construits furent renversés, des canons de 24 furent déplacés, et une planche de sapin fut lancée avec une telle force qu'elle traversa un palmier de 4 décimètres de diamètre.

L'approche de ces orages est quelquefois annoncée par des signes précurseurs. A la côte de Sierra-Leone, on remarque à l'orient un nuage qui ne paraît pas plus grand que la main, à l'embouchure du Sénégal c'est un nuage blanc et rond, d'où l'on voit Indes orientales on les appelle *ouragans*, et dans

6

jaillir de faibles éclairs suivis de quelques roulements. La grosseur de ce nuage augmente, il devient de plus en plus sombre, et le tonnerre se fait entendre avec plus de fracas. Le ciel se couvre, et la terre est plongée dans une nuit profonde qui contraste avec la pureté du ciel à l'occident. Peu de temps avant que l'ouragan ne se déclare, une brise légère, à peine sensible, souffle de l'ouest; il règne un calme profond interrompu çà et là par de petits tourbillons, et la température baisse rapidement.

Ce qui distingue ces orages, c'est qu'ils sont très limités. Pendant que le vent semble vouloir tout arracher, à la distance de 28 kilomètres au moins, le calme de l'atmosphère n'est pas troublé un seul instant.

Ces orages également terribles règnent dans les montagnes à l'ouest du Sahara et dans les forêts vierges qui couvrent les montagnes du Brésil.

En mer, dans la région des vents alizés, les orages paraissent être aussi rares que la pluie. C'est en hiver qu'ils sont les plus fréquents à Madère, et c'est alors aussi que la régularité des vents alizés est le plus troublée.

Les orages sont souvent accompagnés d'un autre phénomène météorologique qui exerce aussi de terribles ravages; c'est la *grêle*. Si je n'en ai pas parlé plus tôt, c'est parce que la grêle doit sa formation à l'électricité atmosphérique comme les orages. Voici l'explication qu'en donne Volta :

Supposons un nuage frappé vivement par le soleil, il s'en dégage aussitôt des vapeurs qui se condensent dans une région plus élevée et forment un second nuage qui se charge d'une électricité contraire à celle du premier. Mais l'abaissement de température que cette évaporation subite occasionne dans le nuage inférieur donne naissance à des flocons de neige qui étant chargés de la même électricité que le nuage, sont repoussés par lui et attirés par le nuage supérieur, absolument comme la petite balle de sureau dont je vous ai parlé dernièrement, quand, après avoir touché la résine, elle se porte sur le verre. Dès qu'ils touchent le nuage supérieur, ils partagent son électricité et retombent sur le nuage inférieur qui les repousse de nouveau, et ainsi de suite. Ces répulsions et ces attractions successives peuvent durer plusieurs heures ; pendant ce temps les flocons condensent autour d'eux de nouvelles vapeurs qui se changent en glace et augmentent continuellement leur volume. Dans ce mouvement ils se choquent entre eux, et il en résulte ce bruit que l'on distingue souvent avant leur chute. Quand enfin ils ont atteint un poids capable de l'emporter sur l'attraction électrique, ils traversent le nuage inférieur et tombent à terre.

C'est parce que la grêle ne peut se former sans une évaporation rapide, et par suite, pour ainsi dire, sans les rayons d'un soleil ardent, qu'il en tombe si rarement pendant la nuit.

Les grêlons offrent une masse opaque comme la neige durcie, et leur forme est ordinairement celle d'une poire ou d'un champignon. Les plus gros se composent de couches alternatives de neige et de glace ; mais tous ont un centre neigeux, ce qui est une preuve que le noyau n'est pas une goutte d'eau, mais un flocon de neige de forme arrondie.

Le volume des grêlons est souvent remarquable. Ils sont quelquefois aussi gros qu'un œuf de poule, et même que le poing, pesant de 100 à 200 grammes et même au-delà. A Cazocta, ville d'Espagne, il tomba en 1839 une grêle qui enfonça les toits des maisons; quelques grêlons pesaient, dit-on, deux kilogrammes. Mais il est probable que c'étaient des grêlons agglutinés, comme celui qui tomba en Hongrie en 1802, et qui avait presque un mètre cube.

Les plus petits grêlons sont désignés sous le nom de *grésil*. Presque sphériques, ils atteignent rarement un diamètre de deux millimètres. On peut les considérer comme les noyaux des grêlons proprement dits. C'est au printemps que le grésil est très fréquent en France, où il est connu sous le nom de *giboulée*.

La grêle en Europe est d'autant plus rare qu'on s'éloigne davantage des côtes; mais tandis que certaines contrées sont souvent ravagées par ce fléau, il en est d'autres qui en souffrent très rarement. Ainsi, dans le Valais, il se passe quelquefois des années sans grêle, pendant que le pays situé au débouché de la vallée d'Aoste est dévasté par ce météore presque tous les ans.

S'il grêle souvent sur les Alpes au moment où il pleut dans la plaine, cela vient de ce que les grêlons ont le temps de fondre avant d'arriver au terme de leur chute. On peut même regarder comme des grêlons fondus ces larges gouttes de pluie que nous remarquons dans les orages.

Les averses de grêle tombent souvent avec une

extrême violence, mais elles ont en général peu d'étendue. Souvent elles ne couvrent qu'une zone longue et étroite. C'est ce qu'on a remarqué surtout dans cet orage qui commença le matin dans le midi de la France et atteignit la Hollande au bout d'un petit nombre d'heures. Les points ravagés par la grêle formaient deux lignes parallèles dirigées du sud-ouest au nord-est : l'une avait 70, l'autre 80 myriamètres de long. La largeur moyenne de la ligne occidentale était de 16, celle de la ligne orientale de 8 kilomètres. L'espace compris entre les deux lignes, et dont la largeur était de 2 myriamètres, fut épargné ; il y tomba seulement une pluie abondante ainsi qu'en dehors des lignes. L'orage, précédé d'un obscurcissement de la lumière du jour, faisait environ 66 kilomètres à l'heure dans les deux zones. Sur chaque point la grêle ne tomba que pendant 7 à 8 minutes, mais avec tant de force que toutes les moissons furent hachées et détruites.

Un autre phénomène qui se manifeste à l'approche des orages, et que l'on admirerait s'il était moins redoutable, est celui de la *trombe*. Souvent vous avez dû remarquer de petits tourbillons de vent dans lesquels des petits corps légers tels que la poussière, courent rapidement en s'élevant. Considérez ce phénomène sur une plus grande échelle ; à la poussière substituez la vapeur d'eau, et vous aurez une idée de la trombe.

Les trombes ont presque toujours lieu quand deux vents opposés passent l'un à côté de l'autre. Si ces vents sont forts, si la température est basse, la vapeur se condense rapidement, et le tourbillon de-

vient visible par la masse de vapeurs condensées
qu'il entraîne avec elle dans son mouvement gira-
toire. A mesuré qu'il augmente, il descend, et le
diamètre de la colonne diminue. S'il atteint la surface de la mer ou d'une grande étendue d'eau, celle-ci s'agite, s'élève, et ressemble à un poêle fumant.
Pendant que la mer monte, le nuage continue à
s'abaisser, et tous deux finissent par se réunir. Il
arrive aussi quelquefois que la mer s'élève sous la
forme d'un cône dont le sommet est tourné vers le
ciel, tandis qu'un cône renversé s'abaisse des nuages sans que les deux se réunissent. En mer, la
première trace de la trombe s'aperçoit ordinairement sur les eaux, et ce n'est qu'au bout de quelque temps que les vapeurs commencent à se con-
denser.

Comme des deux vents contraires qui donnent
naissance au phénomène, l'un est toujours plus
fort que l'autre, il en résulte que la trombe marche
lentement pendant qu'elle tourne sur son axe. L'eau
qui s'en échappe de tous côtés, et à laquelle se joint
quelquefois une grêle abondante, est lancée avec
une force extraordinaire.

Les ravages que produit ce météore sont parfois
affreux; il déracine les arbres les plus forts et les
emporte à une grande distance. S'il passe au-dessus
d'une ville, il renverse les toits, les cheminées, et
même les murs. Sur mer, il submerge les vaisseaux;
aussi les marins font-ils tous leurs efforts pour s'en
éloigner. Dans l'année 1820, en Silésie, une trombe
enleva une masse de toile de 297 kilogrammes, au
milieu de laquelle se trouvait un poteau de deux

mètres de long, et la jeta à 150 pas. Cette masse, étendue sur un pré, avait été roulée sur elle-même, pendant que les portes et les volets des bâtiments voisins étaient enfoncés ou soulevés de leurs gonds, et qu'une lourde charrette était renversée sens dessus dessous.

Mais nous avons des exemples plus récents. La trombe qui tomba sur le village de Chateney, près Paris, en 1839, rompit près de leur base des ormes qui avaient un mètre et demi de circonférence.

Dans la nuit du 10 au 11 juillet 1844, une trombe se manifesta sur la commune de Montbon, près de Belfort. Après avoir ébranlé les fondements de l'église, elle mit d'un seul coup à découvert la plus grande partie des tombeaux du cimetière. Elle souleva les cadavres, les mêla, les dispersa, et produisit un mélange affreux de chair et de fange qui frappa d'horreur les habitants quand, le lendemain, ils furent témoins de ce spectacle.

Les trombes sont moins fréquentes sur terre que sur mer ; mais c'est dans le voisinage des côtes et dans les détroits qu'elles sont le plus à craindre. Dans la mer équatoriale, elles se montrent seulement dans la région des calmes alors que les vents alizés ne soufflent plus d'une manière régulière.

Quelques naturalistes avaient attribué ce météore au fluide électrique, mais à tort. S'il accompagne les orages, il n'en est pas moins le résultat des vents contraires. D'ailleurs n'avons-nous pas aussi dans l'eau des tourbillons qui ne sont dus évidemment qu'à deux flots opposés ? Quelques-uns de ces tourbillons sont très dangereux ; mais le plus terrible est le *Mahlstrom*, sur les côtes de la Norwége, à l'extrémité sud de l'île de Moscoe. La mer, en tournant, y pousse des hurlements affreux ; elle entraîne les vaisseaux et les engloutit.

XII

DE LA LUMIÈRE. — SPECTRE SOLAIRE. — COULEUR
DE L'ATMOSPHÈRE. — LE CRÉPUSCULE. — PRONOS-
TICS TIRÉS DE L'ASPECT DU CIEL. — HAUTEUR DE
L'ATMOSPHÈRE.

La chaleur et l'électricité ne sont pas les seuls
agents que nous ayons à considérer dans les phénomènes de la nature, il en existe encore un troisième:
c'est la *lumière*.

Quelle est la nature intime de la lumière? c'est
ce que nous ne connaissons pas encore. L'opinion
la plus probable est que la lumière, l'électricité et
la chaleur ne sont que des modifications différentes
d'un même fluide qui est répandu dans tout l'univers et dans l'intérieur de tous les corps, et que
l'on désigne sous le nom d'*éther*. Mais, quoi qu'il en
soit de cette hypothèse, nous n'avons à considérer
ici que les effets de la lumière, c'est-à-dire les météores dans lesquels la lumière joue le principal

role. Je ne regrette qu'une chose, c'est de ne pouvoir entrer ici dans des considérations mathémati-
ques qui pourtant sont nécessaires pour l'intelligence complète de ces singuliers phénomènes. Je
tâcherai de m'expliquer le plus clairement qu'il me
sera possible, et je ferai ensuite sous vos yeux quelques expériences qui vous aideront à me comprendre.

Quand un rayon de lumière tombe sur un corps
transparent, tel que le verre ou l'eau, une partie
pénètre dans l'intérieur de ce corps, une autre est
réfléchie, c'est-à-dire qu'elle rebrousse chemin,
comme une bille de billard après avoir touché une
bande. La lumière se comporte ainsi que le son.
Quand un son quelconque vient frapper contre le
mur d'un édifice, une partie se propage à travers le
mur et est entendue dans l'intérieur; l'autre est
réfléchie et produit ce que nous appelons l'écho.

Si, au lieu de tomber sur un corps transparent,
la lumière tombe sur un corps opaque, elle pourra
être réfléchie en totalité, soit dans l'état où elle
était auparavant, comme dans les miroirs, soit d'une
manière diffuse, comme cela arrive dans les corps
dont la surface n'est point polie.

Revenons maintenant à la partie du rayon non
réfléchie. Si le rayon ne tombe pas perpendiculairement sur la surface du corps transparent, la partie non réfléchie ne conservera pas sa première direction, mais elle en déviera, et cette déviation est
désignée sous le nom de *réfraction*. En outre, si la
lumière est blanche comme celle du soleil, nous
verrons qu'elle se compose d'une foule de rayons

colorés que la réfraction sépare, parce qu'elle n'est pas la même pour tous ces rayons.

Si dans le volet d'une chambre parfaitement close, et par suite entièrement obscure, nous pratiquons une ouverture ronde par laquelle puisse passer un rayon du soleil, nous remarquerons sur le parquet une petite tache de lumière blanche et arrondie. Que l'on place maintenant vis-à-vis de l'ouverture un verre prismatique à trois faces, la tache de lumière se déplacera et se portera sur le mur opposé. Mais déjà elle ne sera plus ni ronde, ni blanche ; elle sera au contraire oblongue et teinte des plus brillantes couleurs. Ces couleurs, au nombre de sept, sont, à partir du bas : le rouge, l'orange, le jaune, le vert, le bleu, l'indigo et le violet.

Cette image s'appelle le *spectre solaire*. Elle nous montre que les rayons colorés qui composent la lumière blanche n'ont pas tous la même réfrangibilité, c'est-à-dire qu'ils ne dévient pas de la même quantité dans leur passage à travers le prisme ; que le rayon violet est le plus réfrangible, et que le rayon rouge l'est le moins.

Presque tous les objets qui nous entourent sont colorés, parce qu'après avoir décomposé la lumière blanche, ils réfléchissent, les uns les rayons rouges, les autres les rayons jaunes, etc., et absorbent tous les autres. La neige est blanche parce qu'elle réfléchit tous les rayons ; la suie noire, parce qu'elle les absorbe tous. Quand il n'y a plus de lumière, il n'y a par conséquent plus de couleurs, et de là le dicton populaire : *la nuit tous les chats sont gris.*

Placez la rose dans le rayon vert du spectre, elle

ne pourra réfléchir que les rayons verts, et par suite elle paraîtra verte; mais placez-la dans le rayon rouge, elle n'en sera que plus belle.

Ainsi la blancheur n'est pas tant une couleur particulière que la réunion de toutes les couleurs, comme le noir est l'absence de toutes les couleurs.

Voyons maintenant les phénomènes qu'offre la lumière dans l'atmosphère. L'air est un des corps les plus transparents que nous connaissions. Quand il n'est point chargé de brouillards, nous pouvons voir des objets placés à une très grande distance. Cependant sa transparence n'est pas absolue. Tout en laissant passer la plus grande partie de la lumière, elle en absorbe une autre et en réfléchit une troisième. De là vient qu'elle éclaire la voûte du ciel ainsi que les objets que le soleil n'éclaire pas directement, et qu'elle détermine une transition insensible entre le jour et la nuit. Sans l'atmosphère, le ciel serait noir, partout où le soleil ne peut pénétrer; dans l'intérieur de nos maisons, il y aurait une complète obscurité, et au moment où le soleil se couche, la nuit succéderait brusquement au jour. Ce brusque passage de la lumière aux ténèbres se remarque sur la lune, où il n'y a point d'atmosphère.

Plus le soleil s'approche de l'horizon, plus l'épaisseur de la couche atmosphérique que ses rayons ont à traverser devient considérable, et par conséquent plus son éclat diminue. Par la même raison, les régions du ciel situées près de l'horizon nous paraissent toujours dépourvues d'étoiles.

Quand on s'élève sur les hautes montagnes, on voit l'azur du firmament devenir de plus en plus foncé. Les chasseurs de chamois et les bergers des Alpes le savaient depuis longtemps; mais le fait a été vérifié depuis par M. de Saussure sur le Mont-Blanc, et par M. de Humboldt sur les Cordilières L'air, en effet, est si peu dense à ces hauteurs, qu'un coup de pistolet n'y fait guère plus de bruit qu'un petit pétard dans la plaine.

Sur mer le ciel est plus pâle que sur terre. Cette différence est due aux vésicules de brouillard qui nagent habituellement dans l'atmosphère.

La couleur bleue de l'air vient des rayons bleus qu'il réfléchit de préférence aux autres. Mais le soir les rayons bleus disparaissent pour faire place aux rayons rouges, pourprés ou jaunes; et, tandis que le ciel blanchit au zénith, on remarque à l'orient une teinte rouge qui devient de plus en plus prononcée. Cette coloration est un effet des derniers rayons du soleil couchant. Quand le soleil a disparu on aperçoit sous la zone rouge une autre zone d'un bleu foncé que l'on appelle l'*anti-crépuscule*. C'est, à ce qu'on prétend, l'ombre de la terre qui se projette sur le ciel.

A mesure que le soleil descend sous l'horizon, la partie rouge du ciel occidental devient plus nette, et l'on voit au-dessus d'elle un espace blanc. Après cela l'obscurité s'accroît et la plupart des étoiles commencent à briller. C'est la fin du crépuscule.

Dans l'intérieur de l'Afrique, où l'air est quelquefois si pur et si transparent que l'on voit la planète Vénus en plein jour, la nuit succède presque

7

immédiatement au coucher du soleil. Le crépuscule ne dure que quelques minutes seulement sur la côte occidentale du même continent, ainsi que dans la province de Cumana en Amérique. Au Chili, sa durée est d'un quart d'heure.

Lorsque l'air est chargé de vapeurs ou de particules de neige, le soleil peut descendre bien plus bas avant que l'obscurité ne soit complète. C'est ce que semblent prouver les longs crépuscules du Groënland et des autres régions polaires.

L'été de 1831 a été remarquable par la durée de ses crépuscules; mais cette année aussi les orages furent très fréquents, et il y eut de forts ouragans dans les Indes.

Vous avez déjà sans doute admiré cette belle couleur rouge qu'offrent souvent les nuages au coucher du soleil. Ce spectacle est encore plus beau en Suisse. Peu de temps après la disparition du soleil, les cimes neigeuses des Alpes sont teintes en rose et produisent un effet magnifique. Lorsque les ombres de la nuit commencent à s'étendre, les neiges prennent un aspect d'un gris bleuâtre; mais quelquefois elles se colorent de nouveau, quoique d'une manière plus faible que la première fois. Les escarpements des rochers ressemblent alors à des masses de feu incandescentes.

Voici ce que disent à ce sujet Bravais et Martins, après leur ascension au Mont-Blanc en 1844 : — « Nous avons pu voir que, vers la fin du crépuscule, une teinte rosée et très marquée illuminait le ciel occidental ; mais cette teinte ne peut être aperçue de la plaine. Il est certain pour nous que c'est au reflet de cette teinte rosée que le Mont-Blanc doit la seconde coloration qu'offrent ses neiges au même moment. »

Les apparences du crépuscule dépendant de l'état du ciel, on peut en conclure, à certain point, le temps qu'il fera le lendemain. Quand le ciel est bleu, et qu'après le coucher du soleil l'occident se couvre d'une légère teinte de pourpre, on peut être assuré que le temps sera beau, surtout si l'horizon semble voilé d'une légère fumée. Après la pluie, des nuages isolés, colorés en rouge et bien éclairés, sont également un bon signe. Il n'en est pas de même du crépuscule d'un jaune blanchâtre, surtout si cette teinte embrasse une grande étendue du ciel.

Dans l'opinion des habitants de la campagne, on doit s'attendre à des orages lorsque le soleil est d'un blanc éclatant et se couche au milieu d'une lumière blanche qui permet à peine de le distinguer. Le pronostice est encore plus mauvais quand de légers nuages qui donnent au ciel un aspect blafard paraissent plus foncés à l'horizon, et que le crépuscule est d'un rouge grisâtre entremêlé d'un rouge foncé qui voile le soleil. Dans ce cas, l'atmosphère est chargée de vapeurs, et on peut compter sur du vent et sur une pluie prochaine.

Les signes tirés de l'aurore sont un peu différents. Quand elle est très rouge, on doit s'attendre à de la pluie, tandis qu'une aurore grise annonce le beau temps.

Mais pour bien comprendre la raison des apparences, si diverses et si changeantes de l'atmo-

sphère, il faudrait connaître encore sa hauteur. Or,
nous savons bien que la densité des couches
d'air diminue à mesure qu'elles sont plus élevées;
mais on ignore si l'air se raréfie ainsi à l'infini, ou
si cette raréfaction a une limite. Si cette limite
existe, comme il paraît probable, elle doit avoir une
forme sphérique comme le globe; mais à quelle
hauteur se trouve-t-elle? On a cherché à la dé-
duire de l'étude même des phénomènes crépuscu-
laires; cependant les résultats obtenus par le calcul sont si incertains que l'on ne peut rien en conclure de positif. Seulement l'on peut affirmer
qu'entre 15 et 20 kilomètres au-dessus de nous, la
densité de l'atmosphère est presque nulle.

Maintenant, mes enfants, comme d'après les signes précurseurs du beau temps dont je viens de
vous parler, le soleil se lèvera sur un ciel serein, je
vous invite à venir demain matin, de bonne heure.
Mon intention est de vous montrer quelque chose
que vous ne pourriez voir au milieu du jour.

XIII

DE L'ARC-EN-CIEL. — DES HALOS ET DES PARHÉLIES.

LE soleil était à peine levé que les enfants étaient déjà réunis chez M. de Beaupré. Il les conduisit hors de la maison, du côté qui faisait face à l'orient, et les plaça sur un rang à quelque distance du mur, de manière à tourner le dos au soleil. Là ils virent une pompe à feu, près de laquelle se tenaient deux hommes prêts à manœuvrer : un troisième, qui tenait l'extrémité du tuyau, était placé à une fenêtre de l'étage supérieur.

A un signal donné par le capitaine, la pompe commença à jouer, et l'eau lancée en l'air et éparpillée à dessein par celui qui en dirigeait le jet, tomba comme une pluie sur le gravier de la cour. Un cri de joie échappa alors de toutes les bouches. Les enfants venaient d'apercevoir dans les gouttes d'eau un magnifique arc-en-ciel, dont les couleurs paraissaient d'autant plus belles qu'elles tranchaient plus vivement sur la teinte grisâtre du bâtiment. Le silence de l'admiration succéda à ce cri, et M. de Beaupré n'eut garde de le troubler.

Après que les dernières gouttes furent tombées et que l'arc eut disparu, les enfants se pressèrent autour du capitaine et le remercièrent du plaisir qu'il leur avait procuré. Il les renvoya ensuite chez eux, en leur disant de revenir après leur déjeuner.

Ils revinrent, et M. de Beaupré les fit entrer dans une chambre tellement obscure qu'on eût dit qu'il faisait nuit. Tout-à-coup un rayon de soleil pénétra dans l'appartement, et le capitaine fit remarquer à ses élèves la tache de la lumière blanche dont il leur avait parlé la veille.

Pendant qu'ils la considéraient, M. de Beaupré appliqua un prisme à l'ouverture qui donnait passage au rayon. Quel fut leur étonnement quand ils aperçurent, sur le mur blanc qui faisait face à la fenêtre, la belle image du spectre solaire! Ils s'approchèrent l'un après l'autre de leur maître, s'imaginant qu'il tenait des verres de couleur à la main ; mais ils ne virent qu'un verre blanc qui, en tournant, faisait varier la position du spectre. Alors ils reconnurent que le rayon blanc qui pénétrait dans le prisme se développait en sortant commme un éventail, et aux grains de poussière disséminés dans l'air, ils virent qu'il était composé des mêmes couleurs que l'image projetée sur le mur. Le capitaine plaça dans la direction de ces rayons des fleurs de diverses couleurs ; elles perdaient aussitôt leur couleur naturelle pour prendre celle du rayon, mais leur éclat ne faisait qu'augmenter quand elles étaient plongées dans le rayon de même couleur que celle qui leur était propre.

Le capitaine ouvrit ensuite les volets et fit examiner à ses élèves, à travers le prisme, une bande mince de papier blanc placée sur un fond noir. Cette bande offrait la même succession de couleurs que le spectre. Il leur dit de regarder par la croisée ; tous les objets étaient nuancés sur les bords des teintes de l'iris ; des oies blanches qui paissaient dans un pré paraissaient avoir échangé leur plumage contre celui des perroquets.

Après avoir amusé quelque temps les enfants, M. de Beaupré les fit asseoir et leur dit :

— Je vais vous expliquer aujourd'hui l'arc-en-ciel ; et, pour commencer, je vous ferai observer que la lumière n'est pas seulement réfléchie en-dessus de la surface de l'eau, comme vous le savez déjà, mais encore en-dessous. Vous pouvez vous en assurer en regardant de bas en haut dans un verre plein d'eau.

Le capitaine fit passer un verre à la ronde, afin que les enfants pussent vérifier par eux-mêmes ce qu'il venait de leur dire, après quoi il continua :

— Cette observation préliminaire était nécessaire pour comprendre la formation de l'arc-en-ciel. Supposons maintenant une goutte d'eau suspendue dans l'espace éclairé par le soleil. Cette goutte recevra de la lumière blanche ; mais comme par suite de sa sphéricité, elle présente au rayon incident une surface plus ou moins inclinée, le rayon blanc se décomposera dans son intérieur comme dans le prisme, et produira des rayons bleus, des rayons rouges, et aussi des autres. La géométrie nous montre ensuite que plusieurs de ces rayons, par exemple les rayons rouges, peuvent se réunir et former ainsi un faisceau de lumière rouge qui deviendra sensible. Ce faisceau frappera la surface intérieure de la goutte, sera réfléchi par elle, sortira de la goutte en suivant une certaine direction que l'on peut détermier par le calcul. Si maintenant un observateur a son œil placé dans cette direction, il est évident qu'il verra du rouge, en d'autres termes, que la goutte lui paraîtra rouge ; d'autres gouttes lui paraîtront bleues, d'autres jaunes, et ainsi de suite. L'ensemble de ces couleurs forme ainsi pour lui un cône de lumière dont le sommet sera dans un œil et la base sur les nuages. Pour vous assurer que les choses se passent ainsi, vous n'avez qu'à considérer les gouttes de rosée suspendues aux brins d'herbe, quand le soleil vient les frapper. La même goutte vous donnera des rayons rouges, bleus, violets, selon la position que vous occuperez en les regardant.

Mais la lumière, après avoir pénétré dans l'intérieur d'une goutte d'eau, peut subir plus d'une réflexion sur la surface intérieure, absolument comme une bille de billard qui frappe deux, trois, quatre bandes de suite. De là un second arc qui entoure le premier et qui a aussi une intensité moindre, ce qui fait qu'on a souvent de la peine à le distinguer.

Dans le premier arc, que l'on appelle intérieur, le violet se montre en-dedans, l᷉ ge en-dehors ;

dans le second, c'est-à-dire dans l'arc extérieur, les couleurs sont disposées en sens inverse.

Pour que le phénomène ait lieu, il suffit que le soleil frappe de ses rayons des gouttes de pluie, comme vous l'avez vu ce matin dans la pluie artificielle que nous avons fait tomber au moyen de la pompe à feu. Souvent l'on ne voit que des tronçons d'arc; cela arrive quand il ne pleut que d'un côté de l'observateur, ou que la pluie s'évapore avant d'atteindre le sol. Près des cascades, où l'eau, se précipitant avec force contre les rochers, s'éparpille dans les airs, on remarque aussi dans la poussière humide qui en résulte des couleurs qui ont souvent une grande intensité.

L'arc est toujours disposé de manière que, en menant une ligne droite du soleil à l'observateur, cette ligne passe par le centre. La hauteur de l'arc dépend donc de la hauteur du soleil : il est d'autant plus bas que le soleil est plus élevé. C'est pourquoi il ne paraît jamais vers le milieu du jour. Dans la plaine, au moment où le soleil se lève ou se couche, on voit précisément la moitié du cercle; mais, si l'observateur est placé sur une hauteur, il pourra très bien arriver que son regard, plongeant dans la vallée où tombe la pluie, il voit l'arc-en-ciel entier, c'est-à-dire un cercle complet. Quant à l'amplitude de l'arc, elle est d'autant plus grande que l'arc est plus éloigné.

Souvent l'on a aperçu deux arcs qui se croisaient. Ce phénomène a lieu quand, outre l'arc produit par la lumière directe du soleil, il s'en forme un second produit par la réflexion de la lumière, autrement dit par l'image du soleil dans une eau tranquille.

Comme la vivacité des couleurs du prisme est d'autant plus grande que la lumière qui les produit est plus intense, l'arc-en-ciel dû à la lune est faible. Sa teinte est blanche et jaunâtre.

Mais pourquoi l'arc-en-ciel ne nous offre-t-il pas des couleurs nettes et bien tranchées, comme celles du spectre solaire? C'est que celles du centre se confondent avant d'arriver à notre œil, de sorte qu'il n'y a que les couleurs extrêmes, c'est-à-dire le rouge et le violet, qui soient bien prononcées. Il n'en serait pas ainsi si le soleil n'était qu'un point lumineux. L'arc-en-ciel nous paraîtrait alors comme la petite bande de papier que je vous ai fait examiner à travers le prisme.

Outre les arcs dont je viens de parler, il en existe encore d'autres que l'on appelle *surnuméraires*, et qui sont contigus à l'arc intérieur violet; mais il me serait impossible d'en donner une explication qui soit à votre portée. Nous allons donc passer à un autre genre de phénomènes également dus à la réfraction de la lumière.

Quand le ciel est voilé de nuages, on voit souvent autour du soleil ou de la lune un ou plusieurs anneaux colorés, mais où domine particulièrement le rouge. C'est ce qu'on appelle des *couronnes*. Ces anneaux s'observent en général mieux autour de la lune que du soleil, dont les rayons nous éblouissent; mais on peu diminuer l'éclat de ses rayons en observant le ciel dans une glace dont la face postérieure est noircie au lieu d'être étamée.

Il n'y a aucun doute que ces apparences ne soient dues au jeu de la lumière dans les vésicules de vapeurs qui forment les nuages. Mais vous êtes encore trop jeunes pour que je puisse vous l'expliquer. Vous pouvez voir une couronne semblable, la nuit, sans sortir de votre chambre ; vous n'avez qu'à placer entre vous et une bougie allumée un vase d'eau bouillante.

On range parmi les *couronnes* un autre phénomène appelé *anthélie*, que vous pouvez observer dans les prés quand le ciel est serein et que l'herbe est couverte de rosée. Vous voyez alors autour de l'ombre de votre tête une auréole comme celle que les peintres donnent aux saints. Cette lueur est due à la réflexion de la lumière dans la rosée.

Dans les mers polaires, quand une couche peu épaisse de brouillard repose sur les flots, un observateur, placé à l'extrémité du mât et tournant le dos au soleil, aperçoit autour de l'ombre de sa tête un ou plusieurs cercles concentriques dont ceux du centre offrent toujours des couleurs plus vives que les autres. La même chose a été observée sur les nuages dans les Alpes.

Une autre classe de phénomènes dus à la lumière constitue les *halos* et les *parhélies*. Les halos se composent de cercles plus ou moins colorés, les uns passant par le soleil, les autres coupant les premiers et ayant le soleil pour centre. Quelques-uns de ces cercles sont entiers, d'autres sont interrompus. Mais, ce qu'il y a de curieux, c'est que à l'intersection de ces arcs, on observe des images du soleil tellement vives qu'on est tenté de les prendre pour la réalité. Ces images ont reçu le nom de *parhélies*.

La plupart des physiciens attribuent ces apparitions à la fraction des rayons du soleil dans des globules de glace à noyaux opaques et dans des cylindres de glace également opaques dans l'intérieur, mais qui nagent au haut de l'atmosphère et qui paraissent former ces nuages élevés que l'on appelle *cirrus*. Mais là doit se borner tout ce que je puis vous dire à ce sujet. Si vous voyez un halo, contentez-vous de l'admirer. Plus tard, quand vos connaissances se seront développées, vous pourrez tenter de l'expliquer

Demain, mes enfants, vous viendrez à la même heure. De même que nous avons eu besoin aujourd'hui de la lumière du soleil, nous aurons besoin demain de sa chaleur pour une autre expérience, sur la réfraction de la lumière, non moins curieuse que celle de ce matin.

XIV

DE LA RÉFRACTION ATMOSPHÉRIQUE ET DU MIRAGE.

LES enfants furent reçus le lendemain, par le capitaine, dans un pré qu'entourait un mur large mais peu élevé. Sur ce mur étaient posées des feuilles de tôle que le soleil avait tellement échauffées qu'il était pour ainsi dire impossible de les toucher.

— Mes petits amis, dit M. de Beaupré, vous allez maintenant passer l'un après l'autre derrière ce mur, et vous baissant de manière à ce que vos yeux soient au niveau de la surface, vous regarderez ce petit morceau de papier blanc que je vais tenir à l'extrémité opposée.

Les enfants firent ce qu'on leur disait. A mesure qu'ils pasaient et regardaient dans la direction indiquée, ils voyaient le capitaine approcher lentement de la surface du mur, et de haut en bas, un triangle en papier dont l'un des angles était tourné vers la terre. Tout aussitôt paraissait un second triangle qui montait vers le premier, avec lequel il finissait enfin par se joindre. Ils croyaient d'abord que c'était un second papier ; mais quand ils distinguaient aussi les doigts qui le tenaient, ils restaient convaincus que ce qu'ils voyaient n'était que la reproduction du premier.

Après qu'ils eurent tous été témoins de ce phénomène, on enleva les plaques de tôle, et l'on renouvela l'expérience ; mais elle ne réussit que très faiblement. On retourna sur la terrasse.

— Mes enfants, dit alors le capitaine, ce que vous venez de voir est ce qu'on appelle le *mirage* ; mais, avant de vous l'expliquer, il faut que je vous parle de la réfraction atmosphérique, c'est-à-dire de la réfraction que subit la lumière en traversant l'atmosphère.

Nous voyons les objets, soit directement, quand les rayons de lumière qu'il nous envoient arrivent en ligne droite à notre œil, soit indirectement quand nous ne recevons ces mêmes rayons qu'après qu'ils ont été réfléchis ou réfractés. Prenons un enfant qui n'a encore aucune expérience, et plaçons-le devant une glace ; il s'imaginera voir un autre enfant derrière la glace : pourquoi ? parce qu'il rapporte l'objet qu'il voit dans la direction d'où lui viennent les rayons. Vous riez, mes amis, et cependant il peut arriver des cas où vous serez vous-mêmes le jouet de cette illusion, c'est-à-dire où vous croirez voir des choses là où elles ne sont pas. Quand vous voyez le soleil à l'horizon, vous dites : voilà le soleil qui se lève : et cependant le soleil n'a pas encore atteint la ligne qui sépare la terre de la partie visible du ciel ; il est encore au-dessous.

Pour comprendre cela, observons qu'avant que le soleil n'arrive au point où vous vous imaginez le voir, les rayons, partant du bord supérieur de son disque et pénétrant dans les régions supérieures de l'atmosphère, dévient de leur première direction. Au lieu de suivre la ligne droite, ils sont recourbés vers nous par les couches de plus en plus denses de l'atmosphère : car la réfraction est d'autant plus forte que le corps que traverse la lumière est plus dense. Ils arrivent ainsi à nous comme s'ils venaient d'en haut, et nous voyons ainsi l'astre plus élevé qu'il ne l'est dans la réalité.

Cette déviation des rayons étant d'autant plus prononcée que l'objet d'où ils émanent est plus bas, nous comprendrons facilement pourquoi le disque du soleil levant nous paraît aplati et ovale, tandis que nous savons parfaitement qu'il est rond.

Ce que nous disons du soleil doit s'entendre également de tous les objets plus ou moins voisins de l'horizon. Ainsi, grâce à la réfraction atmosphérique, le navigateur aperçoit plus vite la côte qu'il ne l'apercevrait sans cela. Prenez une tasse opaque, mettez au fond une petite pièce de monnaie ou un petit caillou ; puis, après avoir baissé la tête jusqu'à ce que le bord de la tasse vous ait caché l'objet, versez de l'eau. La pièce ou le caillou redeviendra visible comme si le fond du vase avait été haussé.

Considérons maintenant une surface horizontale fortement échauffée ; la couche d'air en

elle aura une température plus élevée que la couche
qui la suit, et ainsi des autres ; de sorte que la densité de l'air ira en augmentant de bas en haut. Con-
cevons un objet placé au-dessus et à quelque distance de cette surface : cet objet enverra des rayons
dans tous les sens ; les uns, dirigés dans le sens horizontal, n'éprouveront aucune déviation ; il n'en
sera pas de même de ceux qui se porteront vers le
bas. Ils s'écarteront de plus en plus de leur première direction, comme s'ils étaient repoussés par
la surface échauffée. Mais à force de dévier ainsi,
ils finiront par se courber et traverseront de nouveau les mêmes couches, mais en sens contraire, en
décrivant une courbe semblable à celle que décrit
une pierre quand elle est lancée obliquement dans
l'air. Alors, outre l'objet que nous voyons par
les rayons directs, nous verrons encore son image
par les rayons réfractés ; et cette image sera nécessairement renversée et située au-dessous de l'objet,
comme l'image d'un arbre réfléchie dans un étang.

Voilà comment les choses se sont passées dans
l'expérience que nous avons faite. Si j'ai pris de la
tôle, c'est parce qu'elle s'échauffe plus fortement que
la pierre ; et vous avez vu aussi que la tôle étant
enlevée, le phénomène ne s'est plus reproduit que
faiblement.

L'effet du mirage est bien plus remarquable dans
les plaines arides et sablonneuses exposées à un
soleil ardent, et l'armée française a eu plusieurs
fois l'occasion de l'observer dans l'expédition d'E-
gypte.

Le terrain de la Basse-Egypte est une vaste

plaine dont l'uniformité n'est interrompue que par quelques éminences sur lesquelles sont situés des villages qui, par ce moyen, se trouvent à l'abri des inondations du Nil. Le matin et le soir, l'aspect du pays n'offre rien de particulier ; mais lorsque la surface du sol s'est échauffée par la présence du soleil, le terrain semble terminé, à une certaine distance, par une inondation générale. Cette apparence est due à l'image du ciel produite par le mirage, et dont la couleur azurée imite, à un certain point, celle de l'eau. Les villages qui se trouvent au-delà paraissent comme des îles situées au milieu d'un lac, et pour que l'illusion soit plus complète, sous chaque village on voit son image renversée, comme elle paraît effectivement dans l'eau.

A mesure que l'on avance, les limites de cette inondation apparente s'éloignent, le lac qui semblait entourer le village se retire ; enfin il disparaît entièrement, et l'illusion se reproduit pour un village plus éloigné.

Cette apparence trompeuse causa souvent à nos soldats de cruelles déceptions. Dévorés par la soif, ils s'imaginaient voir devant eux des lacs, et ils couraient vers eux pour ne trouver, au lieu d'eau, qu'un sable aride.

Le phénomène du mirage est si commun en Égypte et dans l'Orient, que le *Koran* désigne par le mot *serab* (mirage) tout ce qui est trompeur. Il dit par exemple : — « Les actions de l'incrédule sont semblables au serab de la plaine. Celui qui a soif le prend pour de l'eau. Quand il en approche, il trouve que ce n'est rien. »

Si le sol, au lieu d'être plus chaud que l'air, est au contraire plus froid, il y a encore mirage ; mais les rayons réfractés, au lieu de nous arriver par le bas, nous arrivent par le haut ; de sorte que l'image ne paraît plus au-dessous de l'objet, mais au-dessus.

Un navigateur anglais, Scoresby, a fait un grand nombre d'observations de ce genre dans les parages du Groënland. Le 19 juin 1822, le soleil était très chaud : la côte parut subitement rapprochée de 25 à 35 kilomètres, et si élevée que du pont du navire on la voyait aussi bien que du haut des mâts. La glace, à l'horizon, prenait des formes singulières : quelques blocs ressemblaient à des colonnes, d'autres à des rochers prismatiques ; dans certains endroits, la glace paraissait nager dans l'air. Les navires qui se trouvaient aux environs avaient aussi les apparences les plus bizarres : il y avait des voiles qui paraissaient quatre fois plus longues ; d'autres qui étaient réduites à rien ; d'autres encore qui semblaient coupées en deux. Au-dessus des navires éloignés, on voyait leur image renversée et agrandie ; elle était au contraire plus petite quand la distance était plus grande. Un navire était même surmonté de deux navires, l'un renversé, l'autre droit. Mais ce qui parut encore plus curieux à notre navigateur, ce fut de voir l'image parfaitement nette d'un vaisseau qui se trouvait sous l'horizon. Ses contours étaient si bien marqués que, en les examinant avec une lunette d'approche, on distinguait tous les détails de la voilure et de la carcasse. Scoresby reconnut le bâtiment de son père ; et quand, plus tard, ils comparèrent leurs livres de loch, ils virent qu'ils étaient, au moment du phénomène, à 55 kilomètres l'un de l'autre, c'est-à-dire à 31 kilomètres au-delà de l'horizon, et à plusieurs myriamètres au-delà des limites de la vue distincte.

Quoique le mirage ne soit pas commun en Europe, on en a cependant vu des exemples remarquables, mais qui n'approchent pas de ceux que je viens de citer. Le matin, en été, quand l'eau des rivières est bien chaude, et que l'air est frais, les baigneurs, en approchant l'œil de la surface de l'eau, voient ordinairement doubles les objets éloignés, et situés à la même hauteur.

Voyez la cheminée de cette maison, continua M. de Beaupré en indiquant la demeure de l'un de ses voisins. Vous n'y remarquerez aucune trace de fumée, et pourtant il y a du feu, et même un feu très vif. Examinez, en effet, l'arbre situé derrière la maison : ne dirait-on pas que les feuilles sont agitées, et que celles qui sont à l'extrémité des branches s'en détachent à chaque instant? C'est un effet du courant d'air chaud qui sort de la cheminée; mais comme ce courant s'élève en tourbillonnant, et que les couches d'air changent à chaque instant de densité, les feuilles nous paraissent aussi continuellement changer de place.

C'est à cette même inégalité de réfraction dans les couches de l'atmosphère qu'est due la scintillation des étoiles que nous voyons osciller absolument comme ces feuilles. Cette scintillation est d'autant plus sensible que les étoiles sont plus petites; aussi ne l'observe-t-on que faiblement dans les planètes.

dont le diamètre apparent est beaucoup plus grand
que celui des étoiles. Dans le Midi, elle est encore
moins forte que chez nous, parce que l'air y est
moins chargé de vapeurs. Quant au changement de
couleur que nous remarquons dans les étoiles, cela
tient à une cause particulière que vous ne pouvez
encore comprendre, et que je m'abstiendrai par
conséquent de vous expliquer

XV

DE L'AURORE BORÉALE. — DES ÉTOILES FILANTES ET DES AÉROLITHES,

Pour terminer nos leçons, je vais vous parler dans cette dernière de deux météores dont on ne connaît pas encore exactement la cause, quoique cependant on ait fait des hypothèses qui semblent fort peu s'écarter de la vérité; je veux dire l'*aurore boréale* et les *étoiles filantes*.

Le phénomène de l'aurore boréale est bien rarement visible dans nos contrées, et il est possible que plusieurs de vous ne le voient jamais. Mais il est très fréquent dans les régions polaires de l'hémisphère boréal, d'où lui est venu son nom. Ne pouvant faire ce que j'ai fait pour la foudre, l'arc-en-ciel et le mirage, je suis forcé de m'en tenir à une simple description.

Ce phénomène commence ordinairement deux ou

trois heures après le coucher du soleil. Dans le voisinage de l'horizon, et au nord, le ciel prend d'a-
bord un aspect sale qui devient de plus en plus
sombre. Bientôt l'on voit un segment de cercle plus
ou moins grand, sous la forme d'un nuage épais,
entouré d'un arc lumineux. La teinte de ce segment est d'autant plus foncée que l'on est plus proche du pôle; mais, quelque sombre qu'il soit, il
n'empêche pas de voir les étoiles au travers, de
sorte qu'au lieu de le prendre pour quelque chose
de réel, on est plutôt en droit de ne voir en lui
qu'un effet de contraste avec l'air lumineux qui le
borne.

La couleur de cet arc lumineux est d'un blanc
brillant passant légèrement au bleu. Avant la fin
du crépuscule, il devient un peu jaunâtre ou même
verdâtre. Quant à sa largeur, elle égale un, deux
ou même trois diamètres apparents de la lune. Le
bord inférieur est nettement limité; le bord supérieur, au contraire, s'efface à mesure que la largeur
augmente, et finit par se confondre avec la teinte
du ciel, de sorte que l'on a alors l'apparence de
deux arcs, l'un plus étroit qui n'illumine que l'horizon boréal, l'autre plus large qui éclaire tout le
ciel, comme la pleine lune, une demi-heure après
son lever.

Qnand l'arc lumineux s'est formé, il reste souvent visible pendant plusieurs heures, mais il n'est
pas immobile. Il s'élève ou s'abaisse, s'étend à
droite ou à gauche, et se rompt çà et là. Son éclat
n'est pas non plus partout le même : il devient plus
brillant sur un point, entame le segment obscur,

et une lumière vive, semblable à celle de l'arc, monte vers le zénith.

Ce rayon, de la largeur d'un demi-diamètre de la lune, et parfaitement limité, s'élance avec la rapidité de l'éclair jusqu'au milieu de la voûte du ciel, où il se divise en plusieurs autres, et forme ainsi un faisceau lumineux. Tantôt il s'allonge, tantôt il se raccourcit; on le voit s'incliner à l'est et à l'ouest comme une draperie agitée par le vent. Il pâlit ensuite peu à peu, et disparaît pour faire place à d'autres rayons.

Si ces rayons sont très éclatants, ils présentent quelquefois des teintes vertes ou d'un rouge foncé; s'ils ne s'élèvent pas à une grande hauteur, l'arc ressemble à un peigne avec ses dents.

Quand, au contraire, les rayons dardés par l'arc sont nombreux et qu'ils s'élèvent jusqu'au zénith, ils y forment une couronne qui est la portion la plus belle et la plus remarquable du phénomène. Tout le ciel ressemble alors à une coupole en feu portée par des colonnes de lumière diversement colorée.

Lorsque les rayons diminuent d'intensité, la couronne disparaît d'abord; mais çà et là on observe encore une pâle lueur qui augmente par moments. A la fin elle s'étend, ainsi que l'arc lumineux.

On peut apercevoir des aurores boréales sur un espace très étendu; souvent on a vu la même aurore dans le nord et dans le midi de l'Europe. Telle est celle du 7 janvier 1831, qu'on admira dans toute l'Europe centrale aussi bien que sur le lac Érié dans l'Am érique du nord. Elle effraya beaucoup les habitants de plusieurs villes de France, qui se croyaient enveloppés d'un vaste incendie; dans d'autres villes, au contraire, on n'aperçut qu'une lueur extraordinaire au firmament.

Le capitaine Cook a vu le même phénomène dans le v oisinage du pôle austral; mais ces aurores, que l'on peut appeler australes, coïncidaient toujours avec des aurores boréales.

Puisque le météore est visible en même temps en Europe et en Amérique, il faut en conclure qu'il est à une hauteur considérable au-dessus de la surface du globe, et, en second lieu, qu'il ne se montre à pas une heure de la nuit bien déterminée. On le voit en effet aussi bien le matin que le soir. Quant à sa hauteur, on pense qu'elle est à peu près de 150 kilomètres. Il ne se montre pas non plus à des époques fixes de l'année. Cependant on a remarqué que c'est aux environs des équinoxes que les aurores boréales sont les plus fréquentes.

Voyons maintenant comment on peut les expliquer.

Vous connaissez tous l'aiguille aimantée, autrement dit la boussole; vous savez que cette aiguille, abandonnée à elle-même, tourne toujours une de ses extrémités vers le pôle, en obliquant toutefois tantôt à l'est, tantôt à l'ouest. La direction que prend l'aiguille est ce qu'on appelle le *méridien magnétique*, et le point du globe vers lequel elle tourne se nomme le *pôle magnétique*.

Voici maintenant ce qui arrive au moment où une aurore boréale se montre au ciel. Le point culminant de l'arc lumineux se trouve toujours dans le méridien magnétique. Quand l'arc est immobile, l'aiguille ne bouge pas ; mais dès qu'il commence à lancer des rayons, l'aiguille commence à s'agiter, c'est-à-dire qu'elle se meut plus ou moins rapidement tantôt à l'est, tantot à l'ouest du méridien ; en un mot, comme disent les marins, elle est *affolée*.

Cette connexion entre l'apparition de l'aurore boréale et l'aiguille aimantée, nous permet donc d'attribuer ces phénomènes à la même cause. Mais les savants ne sont pas encore d'accord sur la nature du magnétisme. Les nouvelles expériences qu'on a faites semblent néanmoins prouver qu'il existe autour de l'aiguille, comme autour du globe terrrestre, des courants électriques. Sur le globe, ces courants circulent d'orient en occident, perpendiculairement au méridien magnétique. Ils suivent la même direction dans la partie inférieure de l'aiguille ; de sorte que les courants les plus rapprochés dans le globe et sur l'aiguille ont un mouvement parallèle et dirigé dans le même sens.

Quand ces courants se développent avec une plus grande intensité, ils deviennent visibles et produisent alors le phénomène de l'aurore boréale. Il n'est donc pas étonnant que l'équilibre étant rompu dans les courants du globe, ce qui a lieu quand l'air lumineux jette ses rayons, l'équilibre soit aussi rompu dans les courants de l'aiguille, d'où résultent les mouvements irréguliers qu'on remarque dans celle-ci, et que l'on appelle *affolements*.

Les mêmes physiciens qui ont établi cette hypothèse sont encore allés plus loin. Ils prétendent que la différence entre les corps célestes lumineux, tels que le soleil, et les corps non lumineux, tels que la terre, vient uniquement de ce que dans les premiers les courants électriques circulent constamment dans toute leur intensité, tandis que dans les autres ils ne se développent avec plus ou moins d'énergie qu'accidentellement.

Ce qui permet de croire que cette hypothèse est fondée, c'est qu'en examinant attentivement la lumière du soleil, on croit reconnaître qu'elle vient d'une espèce d'atmosphère de feu qui entoure le globe de cet astre. Quelquefois cette atmosphère s'ouvre, c'est-à-dire que les courants qui la composent s'écartent, et alors nous voyons le corps même du soleil tel que du soleil on doit voir la terre ; et de là ces taches noires que l'on aperçoit sur sa surface.

Passons maintenant aux *étoiles filantes*, et à ces globes de feu qui traversent quelquefois la voûte des cieux.

Il n'est aucun de vous qui n'ait déjà vu des étoiles filantes ; la hauteur à laquelle elles se montrent est difficile à déterminer. On pense qu'elle est d'environ 116 kilomètres. La plupart vont en descendant ; quelques-unes se meuvent horizontalement, ou même de bas en haut, et leur vitesse est de 30 à 60 kilomètres par seconde.

Quand les étoiles filantes se succèdent avec rapidité, on les observe ordinairement dans la même région du ciel. C'est dans les nuits du 10 au 15 octobre, et dans la nuit du 10 au 11 août qu'elles sont les plus fréquentes.

Quant aux globes ignés, s'ils se montrent moins souvent, ils offrent parfois un aspect vraiment imposant. On voit d'abord un point lumineux ou un petit nuage clair qui ne tarde pas à s'enflammer, ou encore une ou plusieurs raies parallèles qui forment bientôt une masse flamboyante.

L'éclat de ces globes surpasse celui de la lune. Quelques-uns sont si brillants, même de jour, qu'ils produisent de l'ombre. Leur lumière est d'un blanc éblouissant ou rougeâtre; on y remarque aussi d'autres couleurs plus ou moins distinctes. Pendant qu'ils traversent l'atmosphère, ils jettent des flammes, de la fumée et des étincelles. Quelquefois ils semblent s'éteindre, puis ils s'allument de nouveau. A la fin ils se boursoufflent et éclatent avec bruit. Chaque éclat forme un nouveau globe qui se brise à son tour, comme les étincelles que nous voyons jaillir d'un charbon humide quand on l'expose à un feu ardent. Quelques-uns se meuvent par bonds et se rompent ordinairement au point qui sépare deux bonds successifs. L'ébranlement qui résulte de l'explosion est quelquefois tel que les maisons s'en ressentent, et que les portes et les fenêtres s'ouvrent d'elles-mêmes comme dans un tremblement de terre.

Quand le globe a éclaté, les morceaux tombent sur la terre : on les appelle *aérolithes* ou *pierres météoriques*. Ces pierres ont un aspect particulier qui les fait distinguer de celles que l'on trouve à la surface de notre globe. Elles sont entourées d'une écorce tantôt noire et peu brillante, tantôt ayant un léger reflet comme le bitume.

Quant à leur composition, elle diffère aussi de celle de toutes les pierres que nous connaissons. Quelques-uns sont formés d'une masse grise dans laquelle on trouve du fer à l'état métallique, c'est-à-dire tel qu'il sort de nos fourneaux. Or, vous devez savoir que le fer métallique ne se trouve pas sur notre globe; il est toujours plus ou moins combiné avec d'autres substances dont on le sépare par la fusion. Le volume de ces pierres varie beaucoup; quelquefois elles n'excèdent pas la grosseur d'un pois : mais on en a ramassé qui pesaient jusqu'à trente-cinq kilogrammes.

Mais d'où viennent ces pierres? Quelques savants ont pensé qu'elles nous étaient envoyées par les volcans de la lune; d'autres ont prétendu qu'elles étaient un produit de notre atmosphère, dans laquelle s'élèvent des usines tant de métaux à l'état gazeux; mais aucune de ces hypothèses n'est admissible. Voici celle qui paraît la plus probable.

Il résulte d'un grand nombre d'observations faites par les astronomes qu'outre les grands corps célestes que nous connaissons, il en existe de petits qui se meuvent également dans l'espace. C'est du moins ce que semblent prouver les points et les traînées lumineuses que l'on voit souvent traverser le champ des télescopes quand ils sont braqués vers le ciel, ainsi que ces masses opaques que l'on remarque pendant le jour devant le disque du soleil.

Ces masses ne peuvent-elles pas provenir d'astres détruits? On sait en effet que les astres ont disparu du firmament. Telle est l'étoile qui, dans le xie siècle, brilla pendant trois mois d'un éclat variable, puis s'éteignit pour toujours. Telles sont aussi probablement les quatre petites planètes Cérès, Pallas, Junon et Vesta, que l'on considère généralemen comme les débris d'une plus grande planète.

Ce qui semble encore confirmer cette hypothèse, c'est la périodicité d'un grand nombre d'étoiles filantes. Ces masses sont répandues dans l'espace et tournent autour du soleil comme la terre; mais il est des points où elles sont réunies en plus-grand nombre, comme ceux que traverse notre globe aux mois d'août et d'octobre. Mais en pénétrant dans l'atmosphère, elles peuvent éprouver une résistance capable de les enflammer. C'est alors qu'elles éclatent et nous donnent des aérolithes.

Si, le 10 août prochain, le ciel est serein, je vous inviterai, mes enfants, à venir passer une partie de la soirée avec moi, à moins que vous ne préfériez dormir.

— Non, non, s'écrièrent tous les enfants à la fois, nous viendrons et nous resterons avec vous, s'il le faut, toute la nuit.

Ils remercièrent ensuite leur maître des bonnes leçons qu'il leur avait données, et retournèrent chez eux avec la ferme résolution de ne laisser passer aucun jour sans observer l'état du ciel, et sans consigner leurs observations, pour les soumettre ensuite à M. de Beaupré.

XVI

SPECTACLE D'UNE BELLE NUIT DANS LES DÉSERTS
DU NOUVEAU-MONDE.

Une heure après le coucher du soleil, la lune se
montra au-dessus des arbres ; à l'horizon opposé,
une brise embaumée, qu'elle amenait de l'orient
avec elle, semblait la précéder, comme sa fraîche
haleine, dans les forêts. La reine des nuits monta
peu à peu dans le ciel : tantôt elle suivait paisiblement sa course azurée, tantôt elle reposait
sur des groupes de nues, qui ressemblaient à la
cime des hautes montagnes couronnées de neige.
Ces nues, ployant et déployant leurs voiles, se dé-
roulaient en zones diaphanes de satin blanc, se dis-
persaient en légers flocons d'écume, ou formaient
dans les cieux des bancs d'une ouate éblouissante,
si doux à l'œil, qu'on croyait ressentir leur mollesse
et leur élasticité. La scène, sur la terre, n'était pas
moins ravissante ; le jour bleuâtre et velouté de la
lune descendait dans les intervalles des arbres, et

poussait des gerbes de lumière jusque dans l'épaisseur des plus profondes ténèbres. La rivière qui
coulait à mes pieds, tour à tour reparaissait toute
brillante des constellations de la nuit, qu'elle répé-
tait dans son sein. Dans une vaste prairie, de l'autre côté de cette rivière, la clarté de la lune dor-
mait sans mouvement sur les gazons. Des bouleaux
agités par les brises, et dispersés çà et là dans la
savane, formaient des îles d'ombres flottantes sur
une mer immobile de lumière. Auprès, tout était
silencieux; hors la chute de quelques feuilles, le
passage brusque d'un vent subit, les gémissements
rares et interrompus de la hulotte; mais au loin,
par intervalles, on entendait les roulements solen-
nels de la cataracte du Niagara, qui, dans le calme
de la nuit, se prolongeaient de désert en désert, et
expiraient à travers les forêts solitaires. La grandeur, l'étonnante mélancolie de ce tableau, ne sauraient s'exprimer dans des langues humaines; les
plus belles nuits en Europe ne peuvent en donner
une idée. En vain, dans nos champs cultivés, l'imagination cherche à s'étendre; elle rencontre de
toutes parts les habitations des hommes; mais, dans
ces pays déserts, l'âme se plaît à s'enfoncer dans
un océan de forêts, à errer aux bords des lacs immenses, à planer sur le gouffre des cataractes, et
pour ainsi dire, à être seule devant Dieu.

CHATEAUBRIAND (*Génie du Christianisme*).

XVII

ECLIPSE TOTALE DU 8 JUILLET 1842.

« ..... Grâce aux progrès des sciences, l'éclipse totale de 1842 a trouvé le public dans des dispositions bien différentes. Une vive et légitime curiosité avait remplacé les craintes puériles de 1654; les populations des plus pauvres villages des Pyrénées et des Alpes se transportèrent en masse sur les points culminants d'où le phénomène devait être le mieux aperçu; elles ne doutaient pas, sauf quelques rares exceptions, que l'éclipse n'eût été exactement annoncée; elles la rangeaient parmi les événements naturels, réguliers, calculables, dont le simple bon sens commandait de ne point s'inquiéter.

» L'heure du commencement de l'éclipse approchait. Près de vingt mille personnes examinaient, des verres *enflammés* ou *enfumés* à la main, le globe radieux se projetant sur un ciel d'azur.

» A peine, armés de nos fortes lunettes, commencions-nous à apercevoir la petite échancrure du bord occidental du soleil, qu'un cri immense, mélangé de vingt mille cris différents, vint nous avertir que nous avions devancé seulement de quelques secondes l'observation faite à l'œil nu par vingt mille astronomes improvisés dont c'était le coup d'essai. Une vive curiosité, l'émulation, le désir de ne pas être prévenu, semblaient avoir eu le privilége de donner à la vue naturelle une pénétration, une puissance inusitées.....

» Lorsque le soleil, réduit à un étroit filet, commença à ne plus jeter sur notre horizon qu'une lumière très affaiblie, une sorte d'inquiétude s'empara de tout le monde ; chacun éprouvait le besoin de communiquer ses impressions à ceux dont il était entouré. De là un mugissement sourd, semblable à celui d'une mer lointaine après la tempête. La rumeur devenait de plus en plus forte à mesure que le croissant s'amincissait ; le croissant disparut enfin, les ténèbres succédèrent subitement à la clarté, et un silence absolu marqua cette phase de l'éclipse..... Un calme profond régna aussi dans l'air ; les oiseaux avaient cessé de chanter... Après une attente d'environ deux minutes, des transports de joie, des applaudissements frénétiques saluèrent avec le même accord, la même spontanéité, la réapparition des premiers rayons solaires. »

ARAGO.

MORCEAUX CHOISIS

DE DIFFÉRENTS AUTEURS

AYANT RAPPORT A L'ASTRONOMIE, AUX PHÉNOMÈNES ATMOSPHÉRIQUES, ETC.

LEVER DU SOLEIL.

On le voit s'annoncer de loin par les traits de feu qu'il lance au-devant de lui. L'incendie augmente, l'orient paraît tout en flammes : à leur éclat, on attend l'astre longtemps avant qu'il se montre ; à chaque instant on croit le voir paraître : on le voit enfin. Un point brillant part comme un éclair, et remplit aussitôt tout l'espace ; le voile des ténèbres s'efface et tombe ; l'homme reconnaît son séjour et le trouve embelli. La verdure a pris, durant la nuit, une vigueur nouvelle ; le jour naissant qui l'éclaire, les premiers rayons qui la dorent, la montrent couverte d'un brillant réseau de rosée, qui réfléchit à l'œil la lumière et les couleurs. Les oiseaux en chœur se réunissent et saluent de concert le Père de la vie : en ce moment pas un seul ne se tait. Leur gazouillement est plus lent et plus doux que dans le reste de la journée : il se sent de la langueur d'un pénible réveil. Le concours de tous ces objets porte aux sens une impression de fraîcheur qui semble pénétrer jusqu'à l'âme. Il y a là une demi-heure d'enchantement auquel nul homme ne résiste : un spectacle si grand, si beau, si délicieux, n'en laisse aucun de sang-froid.

J.-J. ROUSSEAU.

SPECTACLE GÉNÉRAL DE L'UNIVERS.

Il est un Dieu ; les herbes de la vallée et les cèdres de la montagne le bénissent, l'insecte bourdonne ses louanges, l'éléphant le salue au lever du jour, l'oiseau le chante dans le feuillage, la foudre fait éclater sa puissance, et l'océan déclare son immensité. L'homme seul a dit : Il n'y a point de Dieu !

Il n'a donc jamais celui-là, dans ses infortunes, levé les yeux vers le ciel, ou, dans son bonheur, abaissé ses regards vers la terre? La nature est-elle si loin de lui qu'il ne l'ait pu contempler, ou la croit-il le simple résultat du hasard? Mais quel hasard a pu contraindre une matière désordonnée et rebelle à s'arranger dans un ordre si parfait ?

On pourrait dire que l'homme est *la pensée manifestée de Dieu*, et que l'univers est *son imagination rendue sensible*. Ceux qui ont admis la beauté de la nature comme preuve d'une intelligence supérieure, auraient dû faire remarquer une chose qui agrandit prodigieusement la sphère des merveilles ; c'est que le mouvement et le repos, les ténèbres et la lumière, les saisons, la marche des astres, qui varient les décorations du monde, ne sont pourtant successifs qu'en apparence, et sont permanents en réalité. La scène, qui s'efface pour nous, se colore pour un autre peuple ; ce n'est pas le spectacle, ce n'est que le spectateur qui change. Ainsi Dieu a su réunir dans son ouvrage la durée *absolue* et la durée *progressive* : la première est placée dans le *temps*, la seconde dans l'*étendue* ; par celle-là, les grâces de l'univers sont une, infinies, toujours les mêmes ; par celle-ci, elles sont multiples, finies et renouvelées : sans l'une, il n'y eût point eu de grandeur dans la création ; sans l'autre, il y eût eu monotonie.

Ici le temps se montre à nous sous un rapport nouveau ; la moindre de ses fractions devient un *tout complet,* qui comprend tout, et dans lequel toutes choses se modifient, depuis la mort d'un insecte jusqu'à la naissance d'un monde : chaque minute est en soi une petite éternité. Réunissez donc en un même moment, par la pensée, les plus beaux accidents de la nature ; supposez que vous voyez à la fois toutes les heures du jour et toutes les saisons, un matin de printemps et un matin d'automne, une nuit semée d'étoiles et une nuit couverte de nuages, des prairies émaillées de fleurs, des forêts dépouillées par

les frimas, des champs dorés par les moissons,
vous aurez alors une idée juste du spectacle de
l'univers. N'est-il pas prodigieux que, tandis
que vous admirez ce soleil, qui plonge sous les
voûtes de l'occident, un autre observateur le re-
garde sortir des régions de l'aurore? Par quelle
inconcevable magie ce vieil astre, qui s'endort
fatigué et brûlant dans la poudre du soir, est-il,
en ce moment même, ce jeune astre qui s'éveille
humide de rosée, dans les voiles blanchissants
de l'aube? A chaque moment de la journée, le
soleil se lève, brille à son zénith, et se couche
sur le monde ; ou plutôt nos sens nous abusent,
et il n'y a ni orient, ni midi, ni occident vrai.
Tout se réduit à un point fixe, d'où le flambeau
du jour fait éclater à la fois trois lumières, en
une seule substance. Cette triple splendeur est
peut-être ce que la nature a de plus beau ; car,
en nous donnant l'idée de la perpétuelle magnificence et de la toute-puissance de Dieu, elle
nous montre aussi une image éclatante de sa glo-
rieuse trinité.

Conçoit-on bien ce que ce serait qu'une scène
de la nature, si elle était abandonnée au seul
mouvement de la matière? Les nuages, obéis-
sant aux lois de la pesanteur, tomberaient perpendiculairement sur la terre, ou monteraient en
pyramides dans les airs; l'instant d'après, l'atmosphère serait trop épaisse ou trop raréfiée
pour les organes de la respiration. La lune, trop
près ou trop loin de nous, tour à tour serait
invisible, tour à tour se montrerait sanglante,

couverte de taches énormes, ou remplissant seule de son orbe démesuré tout le dôme céleste. Saisie comme d'une étrange folie, elle ne marcherait que sur une ligne d'éclipses, ou, se roulant d'un flanc sur l'autre, elle découvrirait enfin cette autre face que la terre ne connaît pas. Les étoiles sembleraient frappées du même vertige : ce ne serait plus qu'une suite de conjonctions effrayantes. Là, des astres passeraient avec la rapidité de l'éclair; ici, ils pendraient immobiles; quelquefois, se pressant en groupes, ils formeraient une nouvelle voie lactée, puis, disparaissant tous ensemble et déchirant le rideau des mondes, ils laisseraient apercevoir le rideau de l'éternité. Mais de pareils spectacles n'épouvanteront point les hommes avant le jour où Dieu, lâchant les rênes de l'univers, n'aura besoin, pour le détruire, que de l'abandonner.

CHATEAUBRIAND.

LES ASTRES.

Qu'est-il besoin de nouvelles recherches et de spéculations pénibles pour connaître ce qu'est Dieu ? Nous n'avons qu'à lever les yeux en haut : nous voyons l'immensité des cieux qui sont l'ouvrage de ses mains, ces grands corps de lumière qui roulent si régulièrement et si majestueusement sur nos têtes, et auprès desquels la terre n'est qu'un atome imperceptible. Quelle magnificence !.... Qui a dit au Soleil : « Sortez du néant et présidez au jour ! » et à la Lune : « Paraissez et soyez le flambeau de la nuit ! » Qui donc a donné l'être et le nom à cette multitude d'étoiles qui décorent avec tant de splendeur le firmament, et qui sont autant de soleils immenses attachés chacun à une espèce de monde nouveau qu'ils éclairent? Quel est l'ouvrier dont la toute-puissance a pu opérer ces merveilles, où tout l'orgueil de la raison éblouie se perd et se confond? Quel autre que le souverain Créateur de l'Univers pourrait les avoir opérées? Seraient-elles sorties d'elles-mêmes du sein du hasard et du néant ? Et l'impie serait-il assez désespéré pour attribuer à de qui n'est pas une toute-puissance qu'il ose refuser à celui qui est essentiellement et par qui tout a été fait ?

Les peuples les plus grossiers et les plus barbares entendent le langage des cieux. Dieu les a établis sur nos têtes comme des hérauts célestes qui ne cessent d'annoncer à tout l'Univers sa grandeur : leur silence majestueux parle le langage de tous les hommes et de toutes les nations; c'est une voix entendue partout où la terre nourrit des habitants. Qu'on parcoure jusqu'aux extrémités les plus reculées de la terre et les plus désertes, nul lieu dans l'Univers, quelque caché qu'il soit au reste des hommes, ne peut se dérober à l'éclat de cette puissance qui brille au-dessus de nous dans les globes lumineux qui décorent le firmament.

MASSILLON.

DIEU CONSIDÉRÉ COMME CRÉATEUR.

Dieu a dit : « Que la lumière soit, » et la lumière fut. Le roi dit : « Qu'on marche, » et l'armée marche ; « Qu'on fasse telle évolution, » et elle se fait : toute une armée se remue au seul commandement d'un prince, c'est-à-dire à un seul petit mouvement de ses lèvres. C'est, parmi les choses humaines, l'image la plus excellente de la puissance de Dieu ; mais, au fond, que cette image est défectueuse ! Dieu n'a point de lèvres à remuer, Dieu ne frappe point l'air avec une langue pour en tirer quelques sons ; Dieu n'a qu'à vouloir en lui-même, et tout ce qu'il veut éternellement s'accomplit comme il l'a voulu et au temps qu'il l'a marqué.

Il dit donc : « Que la lumière soit, » et elle fut ; « Qu'il y ait un firmament, » et il y en eut un ; « Que les eaux s'assemblent, ». et elles furent assemblées ; « Qu'il s'allume deux grands luminaires, » et ils s'allumèrent ; « Qu'il sorte des animaux, » et il en sortit ; et ainsi du reste. Il a dit, et les choses ont été faites ; il a commandé, et elles ont été créées. Rien ne résiste à sa voix, et l'ombre ne suit pas plus vite le corps que tout suit au commandement du Tout-Puissant. Mais les corps jettent leur ombre nécessairement ; le Soleil envoie de même ses rayons ; les eaux bouillonnent d'une source comme d'elles-mêmes, sans que la source les puisse retenir ; la chaleur, pour ainsi parler, force le feu à la produire ; car tout cela est soumis à une cause qui les domine. Mais vous, ô loi suprême, ô cause des causes ! supérieur à vos ouvrages, vous n'agissez hors de vous qu'autant qu'il vous plaît. Tout est également rien devant vos yeux ; vous ne devez rien à personne, vous n'avez besoin de personne ; vous ne produisez nécessairement que ce qui vous est égal ; vous produisez tout le reste par pure bonté, par un commandement libre ; non de cette liberté changeante et irrésolue qui est le partage de vos créatures, mais par une éternelle supériorité que vous exercez sur les ouvrages qui ne vous font ni plus grand ni plus heureux, et dont aucun, ni tous ensemble, n'ont droit à l'être que vous leur donnez.

BOSSUET.

LES NUAGES.

Lorsque j'étais en pleine mer et que je n'avais d'autre spectacle que le ciel et l'eau, je m'amusais quelquefois à dessiner les beaux nuages blancs et gris, semblables à des groupes de montagnes, qui voguaient, à la suite les uns des autres, sur l'azur des cieux. C'était surtout vers la fin du jour qu'ils développaient toute leur beauté en se réunissant au couchant, où ils se revêtaient des plus riches couleurs, et se combinaient sous les formes les plus magnifiques.

Un soir, environ une demi-heure avant le coucher du soleil, le vent alizé du sud-est se ralentit, comme il arrive d'ordinaire vers ce temps. Les nuages qu'il voiture dans le ciel à des distances égales comme son souffle, devinrent plus rares, et ceux de la partie ouest s'arrêtèrent et se groupèrent entre eux sous les formes d'un paysage. Ils représentaient une grande terre formée de hautes montagnes, séparées par des vallées profondes, et surmontées de rochers pyramidaux. Sur leurs sommets et leurs flancs apparaissaient des brouillards détachés, semblables à ceux qui s'élèvent des terres véritables. Un long fleuve semblait circuler dans leurs vallons, et tomber çà et là en cataractes ; il était traversé par un grand pont, appuyé sur des arcades à demi ruinées. Des bosquets de cocotiers, au centre desquels on entrevoyait des habitations, s'élevaient sur les croupes et les profils de cette île aérienne. Tous ces objets n'étaient point revêtus de ces riches teintes de pourpre, de jaune doré, de nacarat, d'émeraudes, si communes le soir dans les couchants de ces nuages ; ce paysage n'était point un tableau colorié : c'était une simple estampe, où se réunissaient tous les accords de la lumière et des ombres. Il représentait une contrée éclairée, non en face, des rayons du soleil, mais par derrière, de leurs simples reflets. En effet, dès que l'astre du jour se fut caché derrière lui, quelques-uns de ses

rayons décomposés éclairèrent les arcades demi-
transparentes du pont, d'une couleur ponceau,
se réflétèrent dans les vallons et au sommet des
rochers, tandis que des torrents de lumière cou-
vraient ses contours de l'or le plus pur, et di-
vergeaient vers les cieux comme les rayons
d'une gloire ; mais la masse entière resta dans
sa demi-teinte obscure, et on voyait autour des
nuages qui s'élevaient de ses flancs comme les
lueurs des tonnerres, dont on entendait les roulements lointains. On aurait juré que c'était une
terre véritable, située environ à une lieue et de-
mie de nous. Peut-être était-ce une de ces ré-
verbérations célestes de quelque île très éloignée, dont les nuages nous répétaient la forme
par leurs reflets, et les tonnerres par leurs échos.

Plus d'une fois des marins expérimentés ont
été trompés par de semblables aspects. Quoi
qu'il en soit, tout cet appareil fantastique de
magnificence et de terreur, ces montagnes surmontées de palmiers, ces orages qui grondaient
sur leurs sommets, ce fleuve, ce pont, tout se
fondit et disparut à l'arrivée de la nuit. L'astre
des nuits, la triple Hécate, qui répète par des
harmonies plus douces celles de l'astre du jour,
en se levant sur l'horizon, dissipa l'empire de la
lumière, et fit régner celui des ombres. Bientôt
des étoiles innombrables et d'un éclat éternel
brillèrent au sein des ténèbres. Oh ! si le jour
n'est lui-même qu'une image de la vie, si les
heures rapides de l'aube du matin, du midi et
du soir, représentent les âges si fugitifs de l'en-

fance, de la jeun̄e... de la virilité et de la vieil-
lesse, la mort, comme la nuit, doit nous découvrir aussi de nouveaux cieux et de nouveaux
mondes!

BERNARDIN DE ST-PIERRE. (*Harmonies de la nature.*)

UNE TEMPÊTE DANS LE DÉSERT.

Figurez-vous des plages sablonneuses, labou-
rées par les pluies de l'hiver, brûlées par les feux
de l'été, d'un aspect rougeâtre et d'une nudité
affreuse. Quelquefois seulement des nopals épi-
neux couvrent une petite partie de l'arène sans
bornes; le vent traverse ces forêts armées sans
pouvoir courber leurs inflexibles rameaux; cà
et là des débris de vaisseaux pétrifiés étonnent
les regards, et des monceaux de pierres élevés
de loin en loin servent à marquer le chemin aux
caravanes.

Nous marchâmes tout un jour dans cette
plaine. Nous franchîmes une autre chaîne de
montagnes, et nous découvrîmes une seconde
plaine, plus vaste et plus désolée que la première.

La nuit vint; la lune éclairait le désert vide.
on n'apercevait, sur une solitude sans ombre,
que l'ombre immobile de notre dromadaire, et
l'ombre errante de quelques troupeaux de ga-
zelles. Le silence n'était interrompu que par le
bruit des sangliers qui broyaient des racines flé-

tries, ou par le chant du grillon, qui demandait en vain, dans ce sable inculte, le foyer du laboureur.

Nous reprîmes notre route avant le retour de la lumière. Le soleil se leva dépouillé de ses rayons, et semblable à une meule de fer rougie. La chaleur augmentait à chaque instant. Vers la troisième heure du jour, le dromadaire commença à donner des signes d'inquiétude : il enfonçait ses naseaux dans le sable, et soufflait avec violence. Par intervalle, l'autruche poussait des sons lugubres ; les serpents et les caméléons se hâtaient de rentrer dans le sein de la terre. Je vis le guide regarder le ciel et pâlir. Je lui demandai la cause de son trouble.

« Je crains, dit-il, le vent du midi : sauvonsnous. » Tournant le visage au nord, il se mit à fuir de toute la vitesse de son dromadaire. Je le suivis; l'horrible vent qui nous menaçait était plus léger que nous.

Soudain, de l'extrémité du désert, accourt un tourbillon. Le sol, emporté devant nous, manque à nos pas, tandis que d'autres colonnes de sable, enlevées derrière nous, roulent sur nos têtes. Egaré dans un labyrinthe de tertres mouvants et semblables entre eux, le guide déclare qu'il ne reconnaît plus sa route ; pour dernière calamité, dans la rapidité de notre course, nos outres remplies d'eau s'écoulent. Haletants, dévorés d'une soif ardente, retenant fortement notre haleine dans la crainte d'aspirer des flammes, la sueur ruisselle à grands flots de nos membres abattus. L'ouragan redouble de rage; il creuse jusqu'aux antiques fondements de la terre, et répand dans le ciel les entrailles brûlantes du désert. Enseveli dans une atmosphère de sable embrasé, le guide échappa à ma vue. Tout-à-coup j'entends un cri, je vole à sa voix; l'infortuné, foudroyé par le vent de feu, était tombé mort sur l'arène, et son dromadaire avait disparu.

En vain j'essayai de raminer mon malheureux compagnon; mes efforts furent inutiles. Je m'assis à quelque distance, tenant mon cheval en main et n'espérant plus que dans celui qui changea la fournaise d'Azanas en un vent frais et une douce rosée. Un acacia qui croissait dans ce lieu me servit d'abri. Derrière ce frêle rempart, j'attendis la fin de la tempête. Vers le soir, le vent du nord reprit son cours; l'air perdit sa chaleur cuisante; les sables tombèrent du ciel et me laissèrent voir les étoiles, inutiles flambeaux qui me montrèrent seulement l'immensité du désert.

CHATEAUBRIAND (Itinéraire).

L'OURAGAN DES ANTILLES.

L'ouragan est un vent furieux, le plus souvent accompagné de pluie, d'éclairs, de tonnerre, quelquefois de tremblements de terre, et toujours des circonstances les plus terribles, les plus

destructives que les vents puissent rassembler.
Tout-à-coup, au jour vif et brillant de la zone
torride, succède une nuit universelle et profonde ; à la parure d'un printemps éternel, la nudité des plus tristes hivers. Des arbres aussi
anciens que le monde sont déracinés et leurs
débris dispersés, les plus solides édifices n'offrent en un moment que des décombres. Où l'œil
se plaisait à regarder des coteaux riches et ver-
doyants, on ne voit plus que des plantations
bouleversées et des cavernes hideuses. Des malheureux, dépouillés de tout, pleurent sur des
cadavres, ou cherchent leurs parents sous les
ruines. Le bruit des eaux, des bois, de la foudre
et des vents, qui tombent et se brisent contre
les rochers ébranlés et fracassés ; les cris et les
hurlements des hommes et des animaux, pêle-
mêle emportés dans un tourbillon de sable, de
pierres et de débris, tout semble annoncer les
dernières convulsions de la nature.

RAYNAL.

DESCRIPTION D'UNE TROMBE.

Le 6 juillet 1822, à 1 heure 35 minutes de l'a-
près-midi, dans la plaine d'Ossonval, village
situé ouest-sud-ouest de Saint-Omer et à 6 lieues
sud-est de Boulogne, des laboureurs durent
quitter leur charrue à cause de l'obscurité et par
la crainte d'un orage dont ils étaient menacés.

Des nuages venant de différents points se rassemblaient rapidement au-dessus de la plaine. Bientôt ils n'en formèrent qu'un qui, seul, couvrait entièrement l'horizon. Un instant après, on vit descendre de ce nuage une vapeur épaisse, ayant la couleur bleuâtre du soufre en combustion : elle formait un cône renversé dont la base s'appuyait sur la nue. La partie inférieure du cône, qui descendait sur la terre, forma bientôt, en tournoyant avec une vitesse considérable, une masse oblongue de dix mètres environ, détachée du nuage. Elle s'éleva en faisant le bruit d'une bombe de gros calibre qui éclate, laissant sur la terre un enfoncement en forme de bassin circulaire d'environ huit mètres de circonférence et d'un peu plus d'un mètre de profondeur à son milieu. A peine éloignée de cent pas du point de départ et dirigeant sa route de l'ouest à l'est, la trombe franchit la haie d'un manoir, y abat une grange et donne à la maison plus solidement construite une secousse que le fermier a comparée à celle d'un tremblement de terre. Elle avait, en franchissant la haie, déchiré et emporté le sommet des arbres les plus forts ; vingt-cinq à trente d'entre eux étaient renversés et couchés en sens divers, de manière à prouver que la trombe faisait son chemin en tournoyant. D'autres furent enlevés et accrochés, ainsi que plusieurs couronnes, au sommet d'arbres hauts de 20 à 25 mètres.

Après ces premiers effets, la trombe parcourut une distance de deux lieues sans toucher la

terre, en emportant de très grosses branches
d'arbres qu'elle vomissait à droite et à gauche
avec bruit : arrivée à la pointe du bois de Fau-
quemberg, elle y arracha de nouveau la tête de
plusieurs chênes que l'on vit passer avec elle
au-dessus du village de Vendôme, situé au pied
de la colline, du côté de la forêt.

La trombe ne fit, dans cette commune, d'autres ravages que celui d'enlever avec sa racine
un sycomore très gros, qui fut retrouvé à la
distance de 600 pas.

Continuant sa route à la manière d'un boulet
qui frappe la terre et se relève en ricochant, la
trombe se porta au village d'Audivet, où elle
abattit la toiture de trois maisons et enleva plusieurs arbres parmi lesquels cinq ormes de très
grande hauteur, tous cinq sortant de la même
souche.

En quittant la vallée où sont situés ces derniers villages, la trombe s'éleva sur une montagne dite de Capelle. Plusieurs paysans, qui y
labouraient, virent avec effroi ce phénomène
extraordinaire traverser leurs habitations ; ils
craignirent bientôt pour eux-mêmes et n'eurent,
pour échapper au danger, que le temps de se
coucher en se tenant fortement à leurs instruments aratoires. Ils remarquèrent avec étonnement que leurs chevaux étaient tristes mais ne
s'effrayaient pas ; le soc de l'une de leurs char-
rues fut enfoncé dans la terre assez fortement
pour résister aux efforts de trois chevaux.

Ce fut par ces laboureurs que je parvins à con-

naître à peu près la forme de la trombe, sa grandeur et les éléments présumés qui pouvaient entrer dans sa composition. La forme était ovale,
la longueur leur parut d'environ dix mètres,
l'autre diamètre pouvait en avoir sept. La trombe
tournait dans sa marche de manière à présenter
successivement chacune de ses faces à tous les
points de l'horizon. Il sortait de temps en temps
de son centre des globes de feu, et souvent aussi
des globes de vapeurs comme soufrées ; les uns
et les autres rejetaient dans divers sens des
branches que le météore avait entraînées de
très loin.

Le bruit qu'il faisait dans sa marche rapide
était semblable à celui d'une voiture pesante
courant au galop sur un chemin pavé. A chaque
sortie d'un globe de feu ou de vapeur, on entendait une explosion pareille à celle d'une arme à
feu ; le vent, qui était impétueux, joignait à ce
bruit un sifflement terrible. Après avoir déchiré
la terre et emporté tout ce qui lui résistait dans
un certain point, la trombe s'élevait au-dessus
du sol pour aller à une lieue, et quelquefois à
deux lieues de distance, recommencer ses ravages. . . . .
Enfin elle se divisa en deux parties, dont l'une
se dissipa dans les airs ; l'autre, qui ne paraissait plus qu'un nuage, chassée par un vent impétueux venant du nord-ouest, se porta sur un
autre point fort éloigné de là, où elle cassa et
déracina près de deux cents arbres ; puis elle se
dissipa à son tour.   DESMARQUOY.

UNE TEMPÊTE SUR MER.

Le vent se modère, il tourne un peu pour nous; nous fuyons, par un ciel gris et brumeux, vers le golfe de Damiette; nous perdons de vue toute terre; la journée, nous faisons bonne route; la mer est douce, mais des signes précurseurs de tempête préoccupent le capitaine et le second : elle éclate au tomber du jour; le vent fraîchit d'heure en heure, les vagues deviennent de plus en plus montueuses; le navire crie et fatigue; tous les cordages sifflent et vibrent sous des coups de vent comme des fibres de métal, ces sons aigus et plaintifs ressemblent aux lamentations des femmes grecques aux convois de leurs morts; nous ne portons plus de voiles; le vaisseau roule d'un abîme à l'autre, et chaque fois qu'il tombe sur le flanc, ses mâts semblent s'écrouler dans la mer comme des arbres déracinés, et la vague, écrasée sous le poids, rejaillit et couvre le pont. Tout le monde, excepté l'équipage et moi, est descendu dans l'entre-pont; on entend les gémissements des malades et le roulis des caisses et des meubles qui roulent dans les flancs du brick. Le brick lui-même, malgré ses fortes membrures et les pièces de bois énormes qui le traversent d'un bord à l'autre, craque et se froisse comme s'il allait s'entr'ouvrir; les coups de mer sur la poupe retentissent de mo-

ment en moment comme des coups de canon.
A deux heures du matin, la tempête augmente
encore ; je m'attache avec des cordes au grand
mât, pour n'être pas emporté par la vague et ne
pas rouler dans la mer, lorsque le pont incline
presque perpendiculairement. Enveloppé dans
mon manteau, je contemple ce spectale sublime ;
je descends de temps en temps dans l'entre-pont
pour rassurer ma femme couchée dans son ha-
mac. Le second capitaine, au milieu de cette
tourmente affreuse, ne quitte la manœuvre que
pour passer d'une chambre à l'autre, et porter à
chacun les secours que son état exige : homme
de fer pour le péril et cœur de femme pour la
pitié! Toute la nuit se passe ainsi. Le lever du
soleil, dont on ne s'aperçoit qu'au jour blafard
qui se répand sur les vagues et dans les nuages
confondus, loin de diminuer la force du vent,
semble l'accroître encore ; nous voyons venir,
d'aussi loin que porte le regard, des collines
d'eau écumante derrière d'autres collines. Pendant qu'elles passent, le brick se torture dans
tous les sens, écrasé par l'une, relevé par l'autre ; lancé dans un sens par une lame, arrêté
par une autre qui lui imprime de force une direction nouvelle, il se jette tantôt sur un flanc,
tantôt sur l'autre ; il plonge la proue en avant
comme s'il allait s'engloutir; la mer qui court sur
lui fond sur sa poupe et la traverse d'un bord à
l'autre ; de temps en temps il se relève ; la mer,
écrasée par le vent, semble n'avoir plus de vagues et n'être qu'un champ d'écumes tournoyan-

tes; il y a comme des plaines, entre ces énormes collines d'eau, qui laissent reposer un instant les mâts ; mais on rentre bientôt dans la région des hautes vagues, on roule de nouveau de précipices en précipices. Dans ces alternatives horribles, le jour s'écoule; le capitaine me consulte ; les côtes d'Egypte sont basses, on peut y être jeté sans les avoir aperçues ; les côtes de la Syrie sont sans rade et sans port ; il faut se résoudre à mettre en panne au milieu de cette mer, ou suivre le vent qui nous pousse vers Chypre. Là, nous aurions une rade et un asile, mais nous en sommes à plus de quatre-vingts lieues ; je fais mettre la barre sur l'île de Chypre, le vent nous fait filer trois lieues à l'heure, mais la mer ne baisse pas. Quelques gouttes de bouillon froid soutiennent les forces de ma femme et de mes compagnons toujours couchés dans leurs hamacs. Je mange moi-même quelques morceaux de biscuit, et je fume avec le capitaine et le second, toujours dans la même attitude sur le pont, près de l'habitacle, les mains passées dans les cordages qui me soutiennent contre les coups de mer. La nuit vient plus horrible encore ; les nuages pèsent sur la mer, tout l'horizon se déchire d'éclairs, tout est feu autour de nous : la foudre semble jaillir de la crête des vagues confondues avec les nuées; elle tombe trois fois autour de nous; une fois, c'est au moment où le brick est jeté sur le flanc par une lame colossale; les vergues plongent, les mâts frappent la vague, l'écume qu'ils font

jaillir sous le coup s'élance comme un manteau
de feu déchiré dont le vent disperse les lam-
beaux semblables à des serpents de flamme ; tout
l'équipage jette un cri ; nous semblons précipités dans un volcan ; c'est l'effet de tempête le
plus effrayant et le plus admirable que j'aie vu
pendant cette longue nuit ; neuf heures de suite
le tonnerre nous enveloppe ; à chaque minute,
nous croyons voir nos mâts enflammés tomber
sur nous et embraser le navire. Le matin, le
ciel est moins chargé, mais la mer ressemble à
une lave bouillante ; le vent qui tombe un peu
et qui ne soutient plus le navire, rend le roulis
plus lourd ; nous devons être à trente lieues de
l'île de Chypre.

DE LAMARTINE.

LA CATARACTE DE NIAGARA.

Nous arrivâmes bientôt au bord de la cataracte, qui s'annonçait par d'affreux mugisse-
ments. Elle est formée par la rivière Niagara, qui
sort du lac Erié, et se jette dans le lac Ontario.
Sa hauteur perpendiculaire est de cent quarante-
quatre pieds (48 mètres). Depuis le lac Erié jusqu'au saut, le fleuve arrive toujours en déclinant
par une pente rapide ; et au moment de la chute,
c'est moins un fleuve qu'une mer dont les torrents se pressent à la bouche béante d'un gouffre. La cataracte se divise en deux branches, et

se courbe en fer à cheval. Entre les deux chutes s'avance une île, creusée en-dessous, qui pend avec tous ses arbres sur le chaos des ondes. La masse du fleuve, qui se précipite au midi, s'arrondit en un vaste cylindre, puis se déroule en nappe de neige, et brille au soleil de toutes les couleurs : celle qui tombe au levant descend dans une ombre effrayante, on dirait une colonne d'eau du déluge. Mille arcs-en-ciel se courbent et se croisent sur l'abîme. L'onde, frappant le roc ébranlé, rejaillit en tourbillons d'écume qui s'élève au-dessus des forêts, comme les fumées d'un vaste embrasement. Des pins, des noyers sauvages, des rochers taillés en forme de fantômes, décorent la scène. Des aigles, entraînés par le courant d'air, descendent en tournoyant au fond du gouffre, et des carcajoux se suspendent par leurs longues queues au bout d'une branche abaissée, pour saisir dans l'abîme les cadavres brisés des élans et des ours.

CHATEAUBRIAND.

LES DÉSERTS DE L'ARABIE PÉTRÉE.

Qu'on se figure un pays sans verdure et sans eau, un soleil brûlant, un ciel toujours sec, des plaines sablonneuses, des montagnes encore plus arides, sur lesquelles l'œil s'étend et le regard se perd, sans pouvoir s'arrêter sur aucun objet vivant ; une terre morte, et, pour ainsi dire,

écorchée par les vents, laquelle ne présente que
des ossements, des cailloux jonchés, des rochers
debout ou renversés, un désert entièrement découvert, où le voyageur n'a jamais respiré sous
l'ombrage, où rien ne l'accompagne, rien ne lui
rappelle la nature vivante : solitude absolue,
mille fois plus effrayante que celle des forêts ;
car les arbres sont encore des êtres pour l'homme
qui se voit seul plus isolé, plus dénué, plus
perdu dans ces lieux vides et sans bornes : il
voit partout l'espace comme son tombeau ; la
lumière du jour, plus triste que l'ombre de la
nuit, ne renaît que pour éclairer sa nudité, son
impuissance, et pour lui présenter l'horreur de
sa situation, en reculant à ses yeux les barrières du vide, en étendant autour de lui l'abîme de
l'immensité qui le sépare de la terre habitée ;
immensité qu'il tenterait en vain de parcourir :
car la faim, la soif et la chaleur brûlante pressent tous les instants qui lui restent entre le dés-
espoir et la mort.

BUFFON.

ÉRUPTION DU VÉSUVE.

Le feu du torrent est d'une couleur funèbre ;
néanmoins, quand il brûle les vignes ou les arbres, on en voit sortir une flamme claire et brillante ; mais la lave même est sombre, telle qu'on
se représente un fleuve de l'enfer ; elle roule

lentement un sable noir de jour, et rouge de nuit. On entend, quand elle approche, un petit bruit d'étincelles, qui fait d'autant plus de peur qu'il est léger, et que la ruse semble se joindre à la force : le tigre royal arrive ainsi lentement, secrètement, à pas comptés. Cette lave avance, avance, sans jamais se hâter et sans perdre un instant ; si elle rencontre un mur élevé, un édifice quelconque qui s'oppose à son passage, elle s'arrête, elle amoncelle devant l'obstacle ses torrents noirs et bitumineux, et l'ensevelit enfin sous ses vagues brûlantes. Sa marche n'est point assez rapide pour que les hommes ne puissent pas fuir devant elle ; mais elle atteint, comme le temps, les imprudents et les vieillards qui, la voyant venir lourdement et silencieusement, s'imaginent qu'il est aisé de lui échapper. Son éclat est si ardent, que pour la première fois la terre se réfléchit dans le ciel, et lui donne l'apparence d'un éclair continuel : ce ciel, à son tour, se répète dans la mer, et la nature est embrasée par cette triple image du feu.

Le vent se fait entendre et se fait voir par des tourbillons de flammes dans les gouffres d'où sort la lave. On a peur de ce qui se passe au sein de la terre, et l'on sent que d'étranges fureurs la font trembler sous nos pas. Les rochers qui entourent la source de la lave sont couverts de soufre, de bitume dont les couleurs ont quelque chose d'infernal; un vert liquide, un jaune brun, un rouge sombre, forment comme une dissonance pour les yeux, et tourmentent la vue.

Tout ce qui entoure le volcan rappelle l'enfer, et les descriptions des poètes sont sans doute empruntées de ces lieux. C'est là que l'on conçoit comment des hommes ont cru à l'existence d'un génie malfaisant qui contrariait les desseins de la Providence. On a pu se demander, en contemplant un tel séjour, si la bonté seule présidait aux phénomènes de la création, ou bien si quelque principe caché forçait la nature, comme l'homme, à la férocité.

Mᵐᵉ DE STAEL.

RÉVOLUTIONS DU GLOBE.

Lorsque le voyageur parcourt ces plaines fécondes où des eaux tranquilles entretiennent, par leurs cours réguliers, une végétation abondante, et dont le sol, foulé par un peuple nombreux, orné de villages florissants, de riches cités, de monuments superbes, n'est jamais troublé que par les ravages de la guerre ou par l'oppression des hommes en pouvoir, il n'est pas tenté de croire que la nature ait eu aussi ses guerres intestines et que la surface du globe ait été bouleversée par des révolutions et des catastrophes ; mais ses idées changent dès qu'il cherche à creuser ce sol si paisible, ou qu'il s'élève aux collines qui bordent la plaine ; elles se développent pour ainsi dire avec sa vue ; elles commencent à embrasser l'étendue et la grandeur de ces événements antiques, dès qu'il gravit les chaînes plus élevées dont ces collines couvrent le pied, ou qu'en suivant les lits des torrents qui descendent de ces chaînes, il pénètre dans leur intérieur.

Les terrains les plus bas, les plus unis, ne nous montrent, même lorsque nous y creusons à de très grandes profondeurs, que des couches horizontales de matières plus ou moins variées qui enveloppent presque toutes d'innombrables produits de la mer. Des couches pareilles, des produits semblables, composent les collines jusqu'à d'assez grandes hauteurs. Quelquefois les coquilles sont si nombreuses, qu'elles forment à elles seules toute la masse du sol. Elles s'élèvent à des hauteurs supérieures au niveau de toutes les mers, et où nulle mer ne pourrait être portée aujourd'hui par des causes existantes : elles ne sont pas seulement enveloppées dans des sables mobiles, mais les pierres les plus dures les incrustent souvent et en sont pénétrées de toutes parts. Toutes les parties du monde, tous les hémisphères, tous les continents, toutes les îles un peu considérables présentent le même phénomène.

Ces coquilles fossiles ont été déposées par la mer ; c'est la mer qui les a laissées dans les lieux où on les trouve. Cette mer a séjourné dans ces lieux ; elle y a séjourné assez longtemps et assez paisiblement pour y former les dépôts si réguliers, si épais, si vastes, et en partie si solides que remplissent ces dépouilles d'animaux aquatiques. Le bassin des mers a donc éprouvé au moins un changement, soit en étendue, soit en situation. Voilà ce qui résulte déjà des premières fouilles et de l'observation la plus superficielle.

Les traces de révolutions deviennent plus imposantes quand on se rapproche davantage du pied des grandes chaînes. La plupart de ces révolutions ont été subites; cela est surtout facile à prouver pour la dernière de ces catastrophes, pour celle qui, par un double mouvement, a inondé et ensuite remis à sec nos continents actuels, ou, du moins, une grande partie du sol qui les forme aujourd'hui. Elle a laissé encore, dans les pays du nord, des cadavres de grands quadrupèdes que la glace a saisis, et qui se sont conservés jusqu'à nos jours avec leur peau, leur poil et leur chair. S'ils n'eussent été gelés aussitôt que tués, la putréfaction les aurait décomposés. Et, d'un autre côté, cette gelée éternelle n'occupait pas auparavant les lieux où ils ont été saisis, car ils n'auraient pas pu vivre sous une pareille température. C'est donc le même instant qui a fait périr les animaux et qui a rendu glacial le pays qu'ils habitaient.

La vie a donc souvent été troublée sur cette terre par des événements effroyables. Des êtres vivants sans nombre ont été victimes de ces catastrophes; les uns, habitants de la terre sèche, se sont vus engloutis par les déluges; les autres, qui peuplaient le sein des eaux, ont été mis à sec avec le fond des mers subitement relevé;

leurs races mêmes ont fini pour jamais, et ne laissent dans le monde que quelques débris à peine reconnaissables pour le naturaliste.

CUVIER.

L'HOMME.

Tout est ménagé dans le corps humain avec un artifice merveilleux. Le corps reçoit de tous côtés les impressions des objets, sans être blessé..... Le jeu des ressorts n'est pas moins aisé que ferme ; à peine sentons-nous battre notre cœur, nous qui sentons les moindres mouvements du dehors, si peu qu'ils viennent à nous ; les artères vont, le sang circule, les esprits coulent, toutes les parties s'incorporent leur nourriture sans troubler notre sommeil, sans distraire nos pensées, sans exciter tant soit peu notre sentiment, tant Dieu a mis de règle et de proportion, de délicatesse et de douceur dans de si grands mouvements...... Il n'y a de genre de machine qu'on ne trouve dans le corps humain. Pour sucer quelque liqueur, les lèvres servent de tuyau et la langue sert de piston.... La langue est un archet qui, battant sur les dents et sur le palais, en tire des sons exquis. L'œil a ses humeurs et son cristallin ; les réfractions s'y ménagent avec plus d'art que dans les verres les mieux taillés..... L'oreille a son tambour, où une peau, aussi délicate que bien tendue, résonne au mouvement d'un petit marteau que le moindre bruit agite. Les vaisseaux ont leur soupape ; les os, les muscles ont leurs poulies et leurs leviers.... A rechercher de près les parties, on y voit toutes sortes de tissus ; rien n'est mieux filé, rien n'est mieux passé, rien n'est serré plus exactement..... On voit à quel dessein chaque chose a été faite. Qui voudra dire que le sang n'est pas fait pour nourrir l'animal? Que l'estomac et les eaux qu'il jette par les glandes ne sont pas faits pour préparer, par la digestion, la formation du sang? que les artères et les veines ne sont pas faites de la manière qu'il faut pour le contenir, pour le porter partout, pour le faire circuler continuellement?.... que la bouche n'a pas été mise à la place la plus convenable pour transmettre la nourriture à l'estomac? que les dents n'y sont pas placées pour rompre cette nourriture et la rendre capable d'entrer, etc., etc.?.... Il ne reste donc rien à désirer dans une si belle machine, sinon qu'elle aille toujours, sans être jamais troublée et sans finir. Mais qui l'a bien entendue en voit assez pour juger que son Auteur ne pouvait pas manquer de moyens pour la réparer toujours, et enfin la rendre immortelle ; et que, maître de lui donner l'immortalité, il a voulu que nous connussions qu'il peut la donner par grâce, l'ôter par châtiment et la rendre par récompense. La religion qui vient là-dessus, nous apprend qu'en effet c'est ainsi qu'il en a usé, et nous ordonne tout ensemble de le louer et de le craindre.

BOSSUET.

LES INSECTES.

Jetons les yeux sur ce que la nature a créé de plus faible, sur ces atomes animés, pour lesquels une fleur est un monde, et une goutte d'eau un océan. Les plus brillants tableaux vont nous frapper d'admiration. L'or, le saphir, le rubis ont été prodigués à des insectes invisibles. Les uns marchent le front orné de panaches, sonnent la trompette et semblent armés pour la guerre ; d'autres portent des turbans enrichis de pierreries, leurs robes sont étincelantes d'azur et de pourpre. Ils ont de longues lunettes, comme pour découvrir leurs ennemis, et des boucliers pour s'en défendre. Il en est qui exhalent le parfum des fleurs, et sont créés pour le plaisir. On les voit avec des ailes de gaze, des casques d'argent, des épieux noirs comme le fer, effleurer les ondes, voltiger dans les prairies, s'élancer dans les airs. Ici on exerce tous les arts, toutes les industries ; c'est un petit monde qui a ses tisserands, ses maçons, ses architectes : on y reconnaît les lois de l'équilibre et les formes savantes de la géométrie. Je vois parmi eux des voyageurs qui vont à la découverte, des pilotes qui, sans voile et sans boussole, voguent sur une goutte d'eau à la conquête d'un nouveau monde. Quel est le sage qui les éclaire, le savant qui les instruit, le héros qui les guide et

les asservit ? Quel est le Lycurgue qui a dicté
des lois si parfaites ? Quel est l'Orphée qui leur
enseigna les règles de l'harmonie ? Ont-ils des
conquérants qui les égorgent, et qu'ils couvrent
de gloire ? Se croient-ils les maîtres de l'univers, parce qu'ils rampent sur sa surface ? Con-
templons ces petits ménages, ces royaumes, ces
républiques, ces hordes semblables à celles des
Arabes : une mite va occuper cette pensée qui
calcule la grandeur des astres, émouvoir ce
cœur que rien ne peut remplir, étonner cette
admiration accoutumée aux prodiges. Voici un
insecte impur qui s'enveloppe d'un tissu de soie,
et se repose sous une tente ; celui-ci s'empare
d'une bulle d'air, s'enfonce au fond des eaux, et
se promène dans son palais aérien. Il en est un
autre qui se forme, avec un coquillage, une
grotte flottante, qu'il couronne d'une tige de
verdure. Une araignée tend sous le feuillage des
filets d'or, de pourpre et d'azur, dont les reflets
sont semblables à ceux de l'arc-en-ciel. Mais
quelle flamme brillante se répand tout-à-coup
au milieu de cette multitude d'atomes animés ?
Ces richesses sont effacées par de nouvelles richesses. Voici des insectes à qui l'aurore semble
avoir prodigué ses rayons les plus doux. Ce sont
des flambeaux vivants qu'elle répand dans les
prairies. Voyez cette mouche qui luit d'une
clarté semblable à celle de la lune, elle porte
avec elle le phare qui doit la guider. Tandis
qu'elle s'élance dans les airs, un ver rampe au-
dessous d'elle ; vous croyez qu'il va disparaître

dans l'ombre ; tout-à-coup il se revêt de lumière comme un habitant du ciel, et il s'avance comme le fils des astres.

AIMÉ MARTIN.

UN MONDE D'INSECTES SUR UN FRAISIER.

La nature est infiniment étendue, et je suis un homme très borné. Non-seulement son histoire genérale, mais celle de la plus petite plante, est bien au-dessus de mes forces. Voici à quelle occasion je m'en suis convaincu.

Un jour d'été, pendant que je travaillais à mettre en ordre quelques observations sur les harmonies de ce globe, j'aperçus sur un fraisier qui était venu par hasard sur ma fenêtre, de petites mouches si jolies, que l'envie me prit de les décrire. Le lendemain j'en vis d'une autre sorte, que je décrivis encore. J'en observai, pendant trois semaines, trente-sept espèces toutes différentes ; mais il y en vint, à la fin, en si grand nombre et d'une si grande variété, que je laissai là cette étude, quoique très amusante, parce que je manquais de loisir, et, pour dire la vérité, d'expressions.

Les mouches que j'avais observées étaient toutes distinguées les unes des autres par leurs couleurs, leurs formes et leurs allures. Il y en avait de dorées, d'argentées, de bronzées, de tigrées, de rayées, de bleues, de vertes, de rem-

brunies, de chatoyantes. Les unes avaient la
tête arrondie comme un turban ; d'autres, allon-
gée en pointe de clou ; à quelques-unes elle paraissait obscure comme un point de velours
noir ; elle étincelait à d'autres comme un rubis.
Il n'y avait pas moins de variété dans leurs ailes.
Quelques-unes en avaient de longues et de brillantes, comme des lames de nacre ; d'autres de
courtes et de larges, qui ressemblaient à des ré-
seaux de la plus fine gaze. Chacune avait sa manière de les porter et de s'en servir. Les unes
les portaient perpendiculairement, les autres horizontalement, et semblaient prendre plaisir à
les étendre. Celles-ci volaient en tourbillonnant
à la manière des papillons ; celles-là s'élevaient
en l'air, en se dirigeant contre le vent, par un
mécanisme à peu près semblable à celui des
cerfs-volants de papier, qui s'élèvent en formant
avec l'axe du vent un angle, je crois, de vingt-
deux degrés et demi. Les unes abordaient sur
cette plante pour y déposer leurs œufs, d'autres
simplement pour s'y mettre à l'abri du soleil. Mais
la plupart y venaient pour des raisons tout-à-
fait inconnues ; car les unes allaient et venaient
dans un mouvement perpétuel, tandis que d'autres ne remuaient que la partie postérieure de
leur corps. Il y en avait beaucoup qui étaient
immobiles et qui étaient peut-être occupées,
comme moi, à observer. Je dédaignai, comme
suffisamment connues, toutes les tribus des autres insectes qui étaient attirées sur mon fraisier, les limaçons qui se nichaient sous ses feuil-

les, les papillons qui voltigeaient autour, les scarabées qui en labouraient les racines, les petits vers qui trouvaient le moyen de vivre dans le parenchyme, c'est-à-dire dans la seule épaisseur d'une feuille ; les guêpes et les mouches à miel qui bourdonnaient autour de ces fleurs, les pucerons qui en suçaient les tiges, les fourmis qui en léchaient les pucerons ; enfin, les araignées qui, pour attaquer ces différentes proies, tendaient leurs filets dans le voisinage.

BERNARDIN DE SAINT-PIERRE.

DESCRIPTION DES NIDS DES OISEAUX.

Aussitôt que les arbres ont développé leurs fleurs, mille ouvriers commencent leurs travaux. Ceux-ci portent de longues pailles dans le trou d'un vieux mur ; ceux-là maçonnent des bâtiments aux fenêtres d'une église ; d'autres dérobent un crin à une cavale, ou le brin de laine que la brebis a laissé suspendu à la ronce. Il y a des bûcherons qui croisent des branches à la cime d'un arbre. Il y a des filandières qui recueillent la soie sur un chardon. Mille palais s'élèvent, et chaque palais est un nid ; chaque nid voit des métamorphoses charmantes ; un œuf brillant, ensuite un petit couvert de duvet. Ce nourrisson prend des plumes, sa mère lui apprend à se soulever sur sa couche ; il va jusqu'à se percher sur le bord de son berceau, d'où il

jette un premier coup d'œil sur la nature. Effrayé
et ravi, il se précipite parmi ses frères qui n'ont
pas encore vu ce spectacle ; mais rappelé par la
voix de ses parents, il sort une seconde fois de
sa couche, et ce jeune roi des airs, qui porte
encore la couronne de l'enfance sur sa tête, ose
déjà contempler le vaste ciel, la cime ondoyante
des pins, et les abîmes de verdure au-dessous du
chêne paternel. Et pourtant, tandis que les forêts se réjouissent en recevant leur nouvel hôte,
un vieil oiseau qui se sent abandonné de ses ailes, vient s'abattre auprès d'un courant d'eau.
Là, résigné et solitaire, il attend tranquillement
la mort au bord du même fleuve où il chanta
autrefois ses amours, et dont les arbres portent
encore son nid et sa postérité harmonieuse.

CHATEAUBRIAND.

FIN.

TABLE.

←✶→

MORCEAUX CHOISIS SUR L'ASTRONOMIE

LES PHÉNOMÈNES ATMOSPHÉRIQUES, ETC.

FIN DE LA TABLE.

Limoges. — Imp. E. Ardant et Cⁱᵉ.

www.ingramcontent.com/pod-product-compliance
Lightning Source LLC
Chambersburg PA
CBHW072355200326
41519CB00015B/3769